我是不白吃 著

漫畫世界美食冷知識王

《不白吃漫畫這就是世界美食》本書經四川文智立心傳媒有限公司代理，由中南博集天卷文化傳媒有限公司正式授權，同意碁峰資訊股份有限公司在臺灣地區出版，在港澳臺地區發行中文繁體字版本。非經書面同意，不得以任何形式任意重製、轉載。

目錄

歐洲

鵝肝 002

黑松露 006

焗烤蝸牛 012

法國長棍麵包 016　　羅西尼牛排 036

烤圍鴉 020　　　　　沙朗牛排 040

葡式蛋撻 026　　　　培根 044

鯡魚罐頭 029　　　　接骨木花 048

發酵鯊魚肉 032　　　羅宋湯 052

　　　　　　　　　　魚子醬 056

　　　　　　　　　　牛筋香腸 060

亞洲

韓國冷麵 064

泡菜 067

火（辣）雞麵 070

玉米梗 074

斑鰩 078

日本和牛 082

壽喜燒 088

刺身 092

壽司 096

天婦羅 102

納豆 106

玉子豆腐 110

章魚燒 113

鯨魚肉 116

鰻魚飯 122

鯛魚 126

番紅花 130

鷹嘴豆 136

開心果 140

土耳其冰淇淋 144

麝香貓咖啡 148

東早雞 154

油炸蜘蛛 158

泰式酸辣湯 164

香水鳳梨 168

榴槤 172

非洲

蚊子肉餅 176

泥餅乾 180

大洋洲

夏威夷果 184

澳洲紅蟹 188

北美洲

南美洲

羊駝 216

天竺鼠 220

西梅 226

青蛙汁 230

巴旦木 194

長山核桃 198

仙人掌 202

紅絲絨蛋糕 206

雞尾酒 210

南極洲

南極磷蝦 234

北極地區

醃海雀 238
伊努特冰淇淋 242
大海雀 246

世界三大珍饈[1]之一的鵝肝是法國料理中的至尊，是站在世界美食巔峰的王者。

[1] 歐洲人將鵝肝、松露、魚子醬稱為「世界三大珍饈」。——編註

5000 年前，最先吃鵝肝的是埃及人。有一天，一個埃及人抓到一隻遷徙中的野鵝。

吃我一塊磚頭！

此鵝敢飛馬拉松，一定長得肥美結實！

結果這隻鵝瘦得皮包骨頭，只有鵝肝看起來肥肥嫩嫩。

原來野鵝在遷徙之前會吃大量的食物，把能量儲存在肝臟裡，用來適應長途飛行的需要。就這樣，吃鵝肝的行為從埃及傳到了羅馬，又傳到了法國。

18世紀中葉，法國國王路易十六是鵝肝的超級粉絲。

就這樣，鵝肝成了法國大餐中不可缺少的珍饈美味。

趣味冷知識

鵝肝的經典吃法

　　鵝肝是法國的傳統名菜，法語稱為「Foie Gras」。專門挑選出的優良品種經過人工強制育肥後，可得到一個比正常鵝肝大好幾倍的肥鵝肝——可重達 700～800 公克，顏色呈淺粉色或淡黃色。

　　鵝肝的經典吃法有：香煎鵝肝，把鵝肝切成厚片，在鍋中用高溫快速乾煎，至表面焦黃，內部柔滑。鵝肝凍，將去筋的鵝肝放入清酒和牛奶的混合液中浸泡，然後取出鵝肝，將其蒸熟並打碎，接著放入花膠凍水，加入多種調味料後倒進盒裡冷藏 2 小時，最後放上去皮切好的奇異果片，再澆一層花膠凍水後冷藏，完全凝結後就能取出食用了。

　　公認的最完美的鵝肝是加熱至 35℃的鵝肝，此時脂肪開始溶化，細膩滑潤，入口即化，口感與巧克力相仿。

黑松露

世界三大珍饈之一的松露是一種蕈（ㄒㄩㄣˋ）類的總稱，其中法國產的黑松露與義大利產的白松露受到的評價最高，而黑松露在中國居然曾被用來餵豬！

松露也叫塊菌，生長在地下，對環境要求極其嚴格，只要周邊環境有細微的變化，松露孢子就無法生長。

而且它很難人工培植,所以超級珍貴。

全世界最痴迷黑松露的是法國人。在法國,普通黑松露每公斤可高達上千歐元。

大顆、品質優異的黑松露價格可達天價,能享用黑松露的人無疑是非富即貴。

　　高級餐廳在做黑松露美食時，只會用刨刀小心翼翼地刨下幾片薄薄的黑松露放在菜裡，然後默默地在價格後面加上幾個零。

　　雲南人發現這件事後，感到無比震驚。

　　雲南人低頭看著手裡準備餵豬的塊菌，不禁發出靈魂拷問。

中國也產松露，它生長在松樹的鬚根處，這也是「松露」名字的由來，主要產地在雲南永仁、四川攀枝花一帶，這些松露被叫作「印度塊菌」。

研究指出，它是法國黑松露的親兄弟。

無論是外型、氣味還是口感上，相似度高達96%。

但在雲南,卻被用來泡藥酒或餵豬。

趣味冷知識

採摘黑松露的方法

　　新鮮黑松露一般生長在橡樹、雲杉樹等樹的底部——靠近根部的位置。黑松露的成熟期在每年的 11 月到次年的 3 月，因此這段時間是最好的採摘時節。

　　在法國，人們習慣把母豬當作採集黑松露的助手，母豬的嗅覺靈敏，在 6 公尺遠的地方就能聞到埋在地下 30 公分左右深處的黑松露。不過母豬也非常喜歡吃黑松露，所以往往得花很大力氣攔住牠們，後來人們也訓練獵犬來尋找松露。

　　但雲南的松露採集者，他們既不牽豬也不帶狗，全靠多年的經驗與觀察。

　　採過松露的地方，隔年還會長出松露，所以挖松露的時候要輕柔仔細，不要損傷幼根；摘完後，要用土壤和落葉回填。

焗烤蝸牛

一出生就有房的蝸牛，是法國國菜焗烤蝸牛的主要原料。

蝸牛被視為「陸上鮑魚」，營養豐富，而法式料理則被譽為「西餐之首」。因此吃法式料理，紅酒搭配蝸牛顯得很高貴，但其實這和熱炒店的啤酒配炒螺肉是一樣完美的。

幾百年前，法國的窮人們就地取材開始吃蝸牛，蝸牛越吃越少，居然被吃成了名貴食材。

但蝸牛的繁殖能力非常誇張，因為蝸牛是典型的雌雄同體，可男可女。兩隻蝸牛一相遇，不管對方是男是女都能擦出愛的火花。

就這樣，一對蝸牛一年就能生下上千隻蝸牛。

比蝸牛的繁殖方式更奇特的是蝸牛的排便方法，蝸牛殼入口處有兩個小孔，一個是呼吸用的「鼻子」，一個是排泄用的「肛門」。

牠們會把排泄物排在自己的身上，然後再用身上的黏液把排泄物黏在地上。

如此奇特的蝸牛深受法國人的喜愛，但並不是所有的蝸牛都能直接料理食用。如果你在戶外發現了非洲大蝸牛，請擦乾口水，因為這種野生的蝸牛通常帶有「廣東住血線蟲症」。

有寄生蟲，千萬要留意！

歐洲

趣味冷知識

台灣人吃蝸牛嗎？

蝸牛都被法國人吃到需要養殖了，那麼台灣人吃蝸牛嗎？

許多人都吃過熱炒店的炒螺肉，但可能不知道這個螺肉其實就是處理過的非洲大蝸牛。

另外，台灣可吃到的法式傳統名菜「烤田螺」，正統料理也是使用蝸牛，只是品種是羅曼蝸牛，但台菜式的熱炒田螺通常就是真正的螺肉了。近來，流行的「螺螄粉」則是使用個頭小的田螺。無論爆炒、清煮，或者熬高湯，搭配米粉，都有不同的滋味。另外，還有夜市的燒酒螺、烤鳳螺，以及經典菜餚魷魚螺肉蒜，也是食用螺肉，這就以海螺為主。

溫馨提醒，野生的蝸牛不能隨便食用，可能攜帶多種病菌，必須是人工飼養的且需專業人員處理，充分加熱料理才行哦！

法國長棍麵包

法國麵包界的經典——法國長棍麵包,它的誕生有一個非常有趣的故事。

19世紀末,巴黎開始修建地鐵,整座城市都是工地。修地鐵本來是件好事,可是工地的工人們總是發生打架鬥毆的流血事件。

這是怎麼搞的?再這樣下去我就不能升局長了啊~

原來地鐵工地的工人們平時都要去麵包店買麵包，傳統麵包又大又圓，吃的時候必須用麵包刀切開，所以會隨身帶著麵包刀，這就成了很危險的武器。

受傷的工人們越來越多。

地鐵公司趕緊請麵包師改良一下法國麵包，麵包師們左思右想，終於把圓形麵包改成了棍子麵包。

這種麵包直接用手掰開就可以吃，也不會再造成危險。

趣味冷知識

法國長棍麵包為什麼這麼硬？

　　法國長棍麵包是非常可口的食物，而且營養豐富，在法國有著悠久的歷史。法國長棍麵包出爐後，放置的時間越久，質地越硬，因此被稱為「最健壯的麵包」。

　　這是為什麼呢？主要是受原料和環境因素的影響。製作法國長棍麵包的原料是麵粉、鹽、酵母、水4種，不加糖，不加奶油，也沒有任何添加劑和防腐劑，所以放久了一定會變硬。

　　法國臨海，空氣潮濕，如果麵包柔軟就不易保存，因此人們才把法國長棍麵包做得偏硬，目的是能保存更久的時間。

烤圃鵐

在法國,有一道美食,被無數人推崇也被無數人抵制——烤圃鵐(Ortolan)。

在過去,當你看到餐廳某桌的客人突然用白布蓋住頭,那他們一定就是在吃這道烤圃鵐。

圃鵐是一種體型比手掌還小的鳥類，烤圃鵐之所以被無數人抵制是因為其烹飪過程極其殘忍。

被捉到的圃鵐會被關進一個伸手不見五指的小黑屋裡，因為牠有個奇特的習性──一到黑夜就食量暴增，會把自己吃成一隻胖鳥。

如果找不到小黑屋，甚至有人會把圃鵐的眼睛弄瞎。只需要一個月，圃鵐就會吃得肥嘟嘟的，然後靜靜等待更加殘忍的時刻。

廚師會先把牠們浸斃在高級白蘭地裡，再拔掉羽毛，並烤熟。

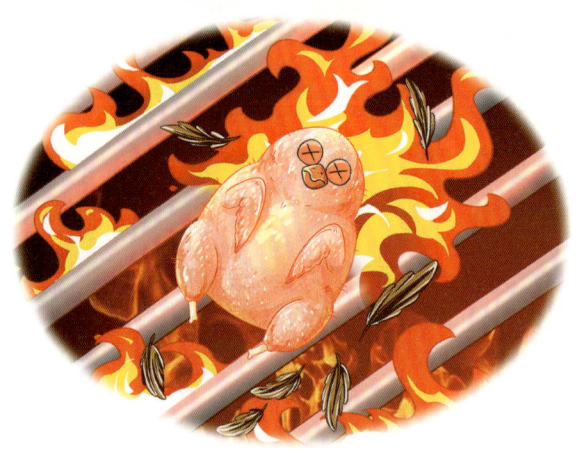

烤好的圃鵐要立刻食用。有人認為自己貪婪醜陋的樣子不能讓神明看到，於是會在頭上蓋一塊白布，但其實是這道美食吃法不太優雅，需要稍微遮蓋一下。

人們一口一隻，享受這浸潤酒香的油脂和內臟的濃郁風味。

還有酥脆的骨頭的香氣。

而這道美食，也使得法國本土的圍鵐瀕臨絕種。

於是歐盟在 1979 年只好將其列為保護動物，禁止人們捕殺，而法國則是在 20 年後才跟進立法以保護圍鶇免遭人們食用。

但法律還是擋不住黑市狷獵，小小的圍鶇價格高達幾百歐元。

沒想到，我鳥生之年身價還能漲到這麼高，我不要這福氣啊，嗚嗚嗚！

保護動物，人人有責！

趣味冷知識

被人類吃到滅絕的鳥類

　　有一種鳥叫渡渡鳥（dodo），也叫愚鳩。鳥如其名，牠們看起來傻傻的，有著肥胖的身子和巨大的嘴，因為體形臃腫，翅膀短小，所以飛不起來。牠們原本生活在模里西斯的孤島上，1598 年，一群航海者的到來打破了牠們平靜的生活。荒島上沒有什麼可以吃的，人們就把目光落在了渡渡鳥身上，後來越來越多的人在這裡定居，渡渡鳥的生存環境遭到嚴重破壞，最終在 1681 年，渡渡鳥在地球上完全消失了。

　　還有一種鳥，名叫旅鴿（passenger pigeon），長得好看，吃起來也很美味。17 世紀，歐洲人來到北美大陸時，北美旅鴿的數量大約還有 50 億隻。但到了 19 世紀初，因為旅鴿肉深得大眾喜愛，人們在錢財的誘惑下，大肆捕殺旅鴿售賣，旅鴿數量爆跌。到 1910 年，只剩下 1 隻名叫「瑪莎」的旅鴿，到了 1914 年，隨著「瑪莎」的去世，宣告旅鴿滅絕。

葡式蛋塔

經典的葡式蛋塔（Pastal de nata）源自於修道院的甜點，而澳門的葡式蛋塔是由一位叫做安德魯·斯托的英國人改良的。

當年安德魯立下成為工業藥劑師的目標到了澳門，經過數年的努力，他還是破產了！

於是他只好在澳門街頭開了一家「安德魯餅店」，他結合了葡萄牙里斯本蛋塔和英式蛋塔的做法，誕生出澳門著名的葡式蛋塔。

葡式蛋塔很快在澳門走紅，但這時安德魯卻和他的老婆瑪嘉烈產生了分歧。

守著這家蛋塔店，我這輩子就不用愁了！

瞧你那沒出息的樣子，我要把葡式蛋塔推向全球！

1997 年，性格不合的二人分道揚鑣，「瑪嘉烈蛋塔店」開始向海外市場擴張，甚至把配方賣給了肯德基爺爺，於是葡式蛋塔就這樣聞名全球。

蛋塔的種類

蛋塔是用麵皮、雞蛋液和牛奶調和而成的一種甜品，在香港被稱為港式點心「四大天王」之一。常見的蛋塔種類有餅皮蛋塔、酥皮蛋塔和葡式蛋塔。

餅皮蛋塔，塔皮比較光滑和完整，好像一塊盆狀的餅乾，有淡淡的牛油香味，口感像曲奇一樣，所以又有曲奇皮之稱。

酥皮蛋塔，塔皮是一層層薄酥皮，因使用豬油，口感沒有牛油酥皮那麼細膩。由於塔皮較厚，酥皮蛋塔的餡料量會少一些。

葡式蛋塔，就是葡萄牙式奶油塔，是一種小型的奶油酥皮餡餅，表面焦黑是其主要特點，這是糖過度受熱後產生的現象。

隨著人們對蛋塔的喜愛，蛋塔逐漸有了其他變種，如鮮奶蛋塔、薑汁蛋塔、巧克力蛋塔及燕窩蛋塔等。

世界上還有比臭豆腐、豬血糕更可怕的食物嗎？當然有，就是它。

　　大家熟知的沙丁魚就是鯡魚的一種，而瑞典的鯡魚罐頭是真正的「生化武器」。因為它最大的特點就是其無所不在、難以消散的惡臭。

把鯡魚放在淡鹽水中用溫火煮過,再裝入罐頭中自然發酵,就會形成一種令人震驚、刺鼻的臭氣!

日本放送協會(NHK)曾在節目中測量過食物的異味指數,臭豆腐僅為420Au①,而鯡魚罐頭高達8070Au!

在瑞典,有一項奇特的法律:禁止在住宅區吃鯡魚罐頭,因為臭味會影響其他居民,讓居民們心情不好。所以想吃鯡魚罐頭的話,強烈建議要在通風的室外,然後像瑞典人一樣搭配著薄餅、洋蔥、酸奶油和番茄一起享受這種挑戰底線的喜悅吧!

① Au,Alabaster unit 的縮寫,是測量異味程度的單位。——編註

趣味冷知識

瑞典人為什麼那麼愛鯡魚罐頭？

鯡魚罐頭的味道那麼濃烈，為什麼瑞典人那麼愛呢？

首先要追溯到瑞典的歷史，中世紀時，瑞典漁民生活艱苦，鹽巴短缺，為了節約用鹽，漁民開始製作只需要少量的鹽、低溫發酵為主的鯡魚罐頭。瑞典的經濟一度非常困難，對瑞典人來說，鯡魚罐頭陪伴他們度過了艱難的時期。出於對傳統食物和歷史的紀念，鯡魚罐頭在瑞典人心中占有一定的地位。

其次就是飲食習慣所致，吃不慣的人覺得臭，但對長期食用鯡魚罐頭的瑞典人來說，他們已經對鯡魚罐頭的味道免疫了，甚至有人沉迷其中。

發酵鯊魚肉

鯡魚罐頭已經臭得沒朋友了，同樣讓人退避三舍的就是冰島的發酵鯊魚肉！

發酵鯊魚肉是將新鮮的格陵蘭鯊（小頭睡鯊）經醃製、發酵、風乾製作而成的。

歐洲

西元 9 世紀，維京人來到冰島，當時的冰島除了冰就是島，實在是沒什麼吃的。

為了生存，維京人看中了海裡個頭大肉又多的格陵蘭鯊。

只要把鼻子塞住，就聞不到鯊魚身上的尿騷味了。好吃！

其實鯊魚肉有尿騷味，是因為鯊魚用皮膚來排尿。

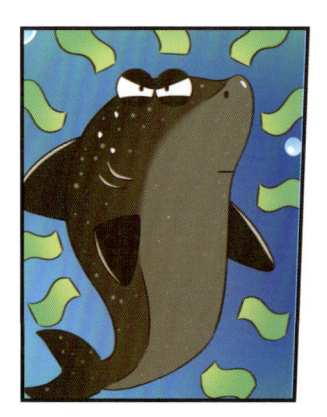

憋不住了⋯⋯真舒暢！

一開始維京人講究現抓現吃，但吃著吃著，他們發現了不對勁的地方，有的人忽然失明，有的人甚至直接失去生命，這讓人們非常恐慌。

他們後來發現格陵蘭鯊的肌肉和體液裡有一種叫作三甲胺氧化物的有毒物質，會對人類的神經系統造成影響。但在自然發酵的過程中，這些毒素就能被去除掉。

於是，聰明的冰島人就研發出傳統美食「發酵鯊魚肉」，發酵後的格陵蘭鯊聞起來臭氣沖天，就像幾年沒有清洗過的廁所散發的臭味，熏到無法睜開眼睛。

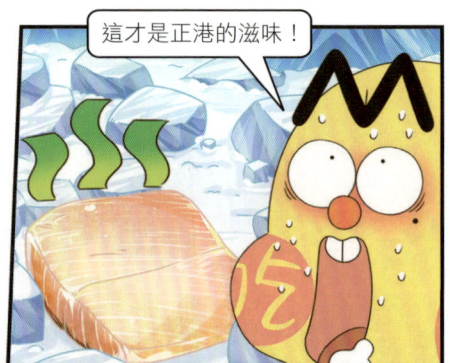

趣味冷知識

冰島的發酵鯊魚肉

　　發酵鯊魚肉是冰島的傳統美食，分別採用鯊魚腹部與身體部位製作而成的，而且只有鯊魚腹部那一塊很軟的肉才能製作。製作過程非常複雜，鯊魚肉要在陽光下曬 4～5 個月，然後埋在沙中深度發酵。

　　加上冰島物價高，所以臭鯊魚肉雖然聞著臭，但很貴，在冰島較大的餐館裡可以吃到，超市也有賣。它在食品中也算是「貴族」，可不是一般路邊攤食品。

　　如果你去餐館裡吃臭鯊魚肉，不能只單點一盤肉，最好配上當地特產的高濃度啤酒，再搭配一些橄欖、檸檬和奶油之類的配料，主食可以點一份烤麵包。臭鯊魚肉聞著有點像臭豆腐，吃起來是越嚼越香，有一種特有的鮮香味。

羅西尼牛排

　　一般是說牛排起源於歐洲，成為西方的傳統菜餚。而羅西尼牛排（Tournedos Rossini）的發明者是義大利著名歌劇作曲家羅西尼（Gioacchino Rossini）。

羅西尼

　　羅西尼不僅是個才華橫溢的作曲家，也是一位熱愛美食的吃貨，還經常自己研究美食。

沒有靈感，不寫啦！

吃飯皇帝大。

歐洲

一天深夜,他突然肚子餓了,僕人不在,家裡又沒有現成的食物。

天啊!我老羅居然淪落到家裡只有頂級的菲力牛排和法國鵝肝了!

菲力牛排　法國鵝肝

他只好自己下廚,將煎好的鮮嫩菲力牛排下方,墊了一塊肥美的鵝肝。

啊嗚!

真香

太好吃了!我真是太有才了!

羅西尼牛排中的菲力牛排是腰內肉，而後腰脊部位，有一塊明顯的油脂部位，即大家熟知的「沙朗牛排」。

菲力牛排也叫牛柳，因為是牛運動最少的部位，所以沒有粗大的肌肉纖維，肉質比較鬆散，口感鮮嫩，是牛排種類中最嫩的一種。

趣味冷知識

世界十大知名牛肉

　　世界十大知名牛肉有：日本和牛、蘇格蘭的安格斯牛、義大利的契安尼娜牛、澳洲和牛、法國夏洛來牛和奧布拉克牛、加拿大亞伯特牛、紐西蘭牛、巴西牛和阿根廷牛。

　　其中，日本和牛是世界上最好的牛肉品種，該品種肥瘦相間，紋理精緻，像大理石一樣，其入口即化的口感深得無數人的喜愛。

　　奧布拉克牛，生活在法國南部海拔 1000 多公尺的草原上，這裡自然環境優越，產出的牛肉鮮嫩多汁。

　　同樣受環境影響的還有紐西蘭的牛，生活在紐西蘭大草原的動物能享受到純淨的生長環境，因此這裡的牛肉肉質細嫩、低脂、低熱量。而巴西牛肉不僅產量高，肉質也非常好，可以不加任何佐料直接烤，香味濃郁，味道鮮美。

漫畫世界美食冷知識王

沙朗牛排

什麼是沙朗牛排呢？

沙朗牛排

> 這個我知道，帶有沙沙口感的牛排！

> 胡說八道，完全沒有根據！

沙朗牛排是牛後腰脊位置的肉，肉質細嫩，還帶有脂肪，是製作牛排的完美食材。

相傳，當年英國國王亨利八世最愛吃這個部位，於是把這塊肉封為 Sir（爵士），而腰部的英文叫 loin，連起來就是 sirloin，意指「腰部上方的肉」。

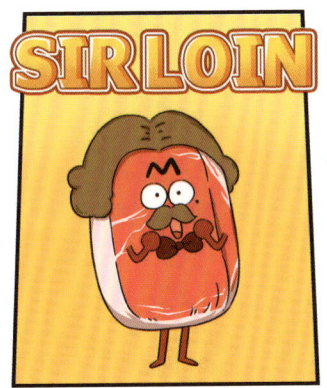

沙朗牛排肉細多汁，口感鮮嫩，是牛排界的貴族。

牛排的種類還有菲力牛排（tenderloin）、肋眼牛排（ribeye）、丁骨牛排（T-bone）……這些名稱都是由英語翻譯而來的。

歐洲

趣味冷知識

牛排的幾分熟

你知道牛排的熟度有哪些嗎？沒有二、四、六、八分熟的說法哦，而是分為生、一分熟、三分熟、五分熟、七分熟和全熟。

生（Raw），即稍微加熱一下外部，內層還是生肉，保留著原始的血紅色和生肉味道，口感柔嫩、濕軟新鮮。

一分熟（Rare），僅表面煎熟，呈灰褐色，內部是血紅色，這個熟度的牛排口感柔嫩，生熟口感交融。

三分熟（Medium-Rare），是大部分外國人喜歡的熟度，肉的中心是血紅色，口感如絲綢般順滑。

五分熟（Medium），肉的中心為粉紅色，口感不會太嫩，有層次，肉質偏厚重。

七分熟（Medium-Well），肉的內部主要為灰褐色，夾雜著少量粉紅色，口感厚重香醇，有嚼勁。

全熟（Well-Done），肉的內部為灰褐色，外層為焦糖色。全熟牛排還要做到肉質潤滑多汁，被稱為最難煎的牛排。

培根

培根與臘肉應該要認親才對，因為它們在製作過程中有些相似之處。

幾千年前，中國就出現了臘肉，是豬肉經醃製後再煙燻烘烤的加工品，而培根則是鹽醃豬肉。之後，這種保存肉類的方法逐漸見於古羅馬和整個歐洲。

歐洲

英國人用 Bacon 命名煙燻豬肋條肉,音譯為「培根」。當時,大家非常喜歡吃培根,喜歡到為小孩命名培根。

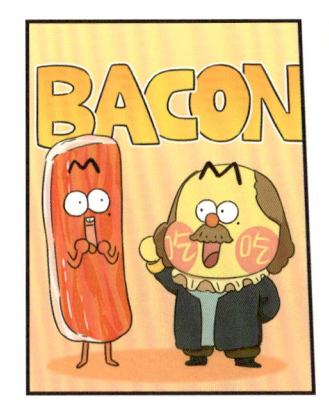

有位知名的哲學家就叫做法蘭西斯·培根。

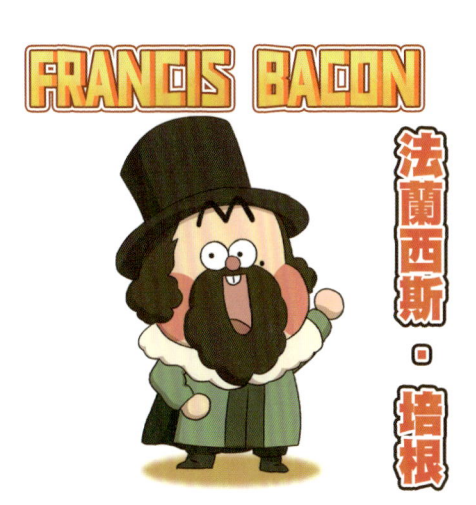

FRANCIS BACON

法蘭西斯·培根

你好,聽說你叫煙燻豬肋條肉?

我老爸絕對沒打算把我培養成一個哲學家,他還不如幫我取名叫王臘肉算了!

王臘肉

名字很搞笑的法蘭西斯・培根發誓一定要證明自己。終於，他成了英國史上重要的科學家與哲學家。

哲學家

讓我們歡迎著名哲學家——煙燻豬肋條肉！

真希望能擁有一個有深度與內涵的名字啊！

你一定要讀這本《漫畫世界美食冷知識王》，因為培根說過：知識就是力量。

知識就是力量

趣味冷知識

培根怎麼做好吃？

　　培根，是由豬肉經醃燻等工序加工而成，也是西式三大肉製品之一（另外兩種是火腿和香腸），除略帶一些鹹味之外，還有濃郁的煙燻香味。通常會運用在披薩、三明治、義大利麵裡。

　　培根外皮油潤，呈金黃色，皮質堅硬；瘦肉呈深棕色，質地乾硬，切開後肉色鮮艷。培根一般被用來做早餐，切成薄片，進行烤製或油煎或煮湯皆可。

接骨木花

一到 7 月，全歐洲的吃貨都抬頭看著街邊的大樹。

因為他們在等待一種神奇的美味——接骨木花，這是一種叫接骨木的灌木開出的花。

歐洲

去去武器走①！

歐洲人自古就覺得接骨木有魔法，所以《哈利波特》中的魔杖就是接骨木做成的。

哈利·波特

①奇幻小說《哈利波特》系列中解除武裝的咒語，可以使對方的魔杖脫離手心。——編註

而「魔杖」上開出的接骨木花有一種麝香葡萄味的清甜。

用這種名字很魔性②的黃白色小花做成的冷飲，簡直可以拯救歐洲吃貨一整個炎熱的夏天。

堪稱歐洲的冰鎮酸梅湯！

②網路流行語，指古怪又非常吸引人。——編註

049

這種小花不僅可以做成冷飲，還可以做成一種廣受歡迎的神仙冰淇淋。

接骨木花冰淇淋

哇！好吃！

接骨木花令人著迷的清甜配上新鮮牛乳，味道香甜可口，大人小孩都喜歡。

太好吃了，瞬間征服了我的味蕾！

趣味冷知識

接骨木的名字是怎麼來的？

接骨木是非常適合觀賞的一種植物，春天開黃白色花朵，秋天結紅果子，種植在草坪上或者林區。接骨木對一些有害氣體具有吸收作用，也適合做防護樹木。

接骨木通常生長於海拔540～1600公尺的山坡、灌叢等地。

接骨木的命名主要是源於它名副其實的藥用價值，接骨木全身是寶，根、莖、葉、花皆可入藥，對骨折、跌打損傷、痛風、關節疼痛、慢性腎炎等疾病都有療效。

羅宋湯

羅宋湯並不是一個姓羅的人和姓宋的老婆發明的湯,而是烏克蘭的傳統湯品,傳至俄羅斯後再傳至東方。

1917年,十月革命爆發了,從前靠剝削窮人坐擁權力、財富的俄羅斯貴族們可慘了。

哎呀,我們快跑吧!

他們輾轉流落到了上海，並開餐廳維生。

我要把甜菜湯發揚光大！

甜菜湯

哇！甜菜湯搭配酸奶油太洋派了！

老闆！！
廁所

你……你這湯裡有毒！

原來甜菜湯裡的甜菜根有著和紅肉火龍果一樣的甜菜紅素，食用後會隨著代謝排出體外，紅紅的讓人看得怵目驚心。

嚇死人了！

甜菜紅素

俄羅斯人趕快進行改良，用番茄醬代替甜菜根，配上牛肉、馬鈴薯、洋蔥，最後成為現在常見的湯品。

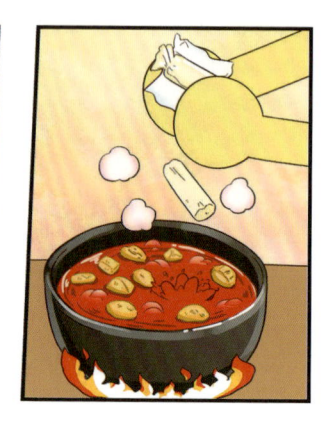

羅宋是由 Russian（俄國人）一詞音譯過來的，就衍生為羅宋湯。

來，喝一口羅宋湯！

趣味冷知識

世界十大名湯

　　湯品在我們的日常飲食生活中占有很重要的地位，許多人吃飯，可以沒有大魚大肉，但一定要有湯。不同國家的湯，風格也不盡相同。排在世界前十位的湯有泰國的冬蔭功湯、加拿大牛肉湯咖哩、法國的洋蔥湯、越南的海龍皇湯、中國的魚翅湯、烏克蘭的羅宋湯、法國的奶油蘑菇湯、義大利的蔬菜湯、日本的味噌湯和韓國的大醬湯。

魚子醬

魚子醬為什麼能成為世界三大珍饈之一？

魚子醬是未受精的鱘魚卵所製的醃製品。在2000多年前，裡海附近的俄羅斯人和伊朗人發現了這個神奇美味。

取出裡海盛產的鱘魚卵，用鹽醃漬之後，味道居然極其鮮美。

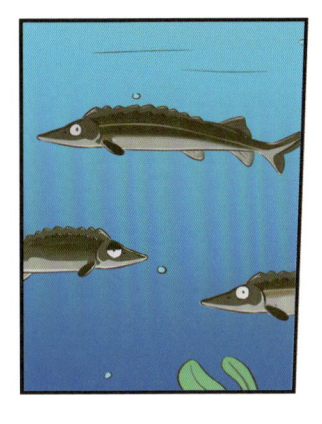

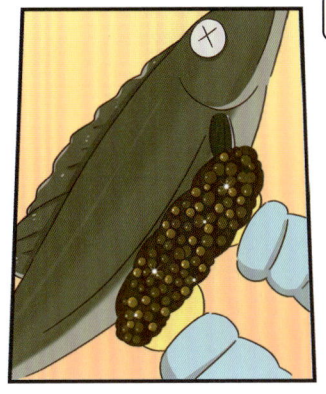

這種美味傳到法國，法國國王路易十四瞬間愛上，就這樣，魚子醬成為聚會中的奢華美味。

魚子醬不僅美味，吃起來也大有講究。嬌貴的魚子醬保質期極短，對溫度和環境的變化更是極為敏感，不能用不鏽鋼或其他金屬勺子舀——會導致氧化變質而改變魚子醬的風味。

如果你想完美地體驗魚子醬的美味，要用水晶、陶瓷、骨頭或貝殼製成的湯匙來舀。

水晶　陶瓷　骨頭　貝殼

挖出一點魚子醬放在手的虎口上，手的溫熱會讓魚子醬的香氣開始散發。

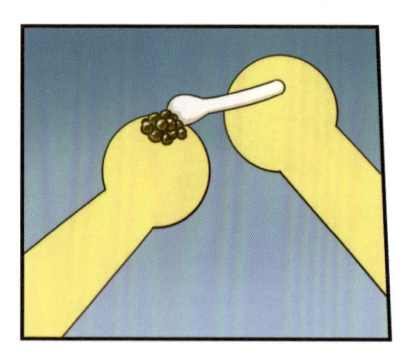

哇！

直接送入口中，香醇濃郁，帶著一點點堅果和奶油香味的汁液在口中噴湧而出，原來這就是鮮美的滋味。

不愧為世界三大珍饈之一！

趣味冷知識

為什麼魚子醬這麼貴？

　　魚子醬堪稱「脆弱的佳餚」，其加工和運送十分有難度，一份魚子醬的誕生要經過十多道加工手續，最後送入口中時，魚子醬要粒粒完整無損。而且不是所有魚的魚卵都能用來做魚子醬，只有用鱘魚的魚卵製作的魚子醬才最正宗，其中又以產於伊朗和俄羅斯交界處的裡海的魚子醬品質最佳。此外，魚子醬的營養價值也是無與倫比的，因此魚子醬的價錢才會那麼昂貴。

牛筋香腸

不白吃有一次在俄羅斯品嘗戰鬥民族美食的時候，吃到一種人間美味。

它就是牛筋香腸。

歐洲

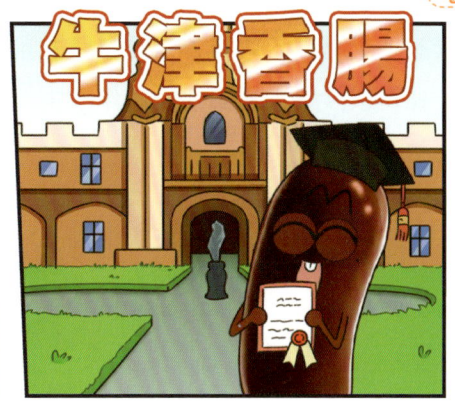

我知道了,是牛津大學畢業的香腸,所以叫「牛津香腸」!

牛津香腸

你胡說八道什麼呀!

我們戰鬥民族的香腸裡,不僅要有大肉,還要有大筋!

漫畫世界美食冷知識王

俄羅斯的牛筋香腸裡滿滿都是肉和牛蹄筋，濃香軟彈，不僅能直接搭配主食吃，還可以炒飯、炒菜或者當作零食。

好吃到想去雪地跳芭蕾！

牛筋香腸實在太好吃了，有機會一定要嚐嚐看喔！

趣味冷知識

世界五大「重口味」香腸

　　香腸不僅有看起來美味的，也有十分重口味的，比如：1. 德國血舌香腸，這種香腸是用動物血、動物舌頭、麵包屑和燕麥混合製作而成，當地人喜歡切片加黃油煎著吃。2. 法國特魯瓦香腸，是將豬肉切成條狀，捲起來塞入豬的結腸內，所以這種香腸有著特殊的腐敗氣味。3. 蘇格蘭的哈吉斯，又稱為肉餡羊肚，是在羊肚中塞入羊的心、肝、肺等，通常與蘿蔔泥和土豆泥一起食用。4. 來自英格蘭西南部的德文郡和康沃爾郡的黑布丁，是將豬油和燕麥粉、牛脂以及大麥粉攪拌混合起來，再加一把小茴香和大蒜提味。5. 葡萄牙 Azaruja 香腸，這種香腸用的都是豬身上細小的部位，從豬耳朵、豬鼻子到豬頭肉都會加入香腸中。

韓國冷麵

不白吃在夏天最愛吃冷麵，江湖人稱「冷麵殺手」，全名「韓國冷麵殺手」。

天氣炎熱的時候，來一碗冷麵，實在是太涼爽了！

涼快！

冷麵起源於高麗王朝（韓國歷史上的一個古王朝）時期，食用歷史悠久。

我真是剛烈的漢子思密達①！

①此語源自韓語，在韓語中作為語氣詞後綴，表達尊敬，這裡把此詞放在句末用來戲仿韓語的句尾語氣。——編註

19 世紀末，冷麵傳入中國東北，最初的冷麵只有蕎麥麵加蘿蔔和泡菜。

吃 吃

後來在中國吉林省延吉地區的冷麵開始加上豐富的配菜，成了色香味具全的延吉冷麵。

延吉冷麵

趣味冷知識

韓國冷麵和烤冷麵有什麼關係？

　　韓國冷麵和烤冷麵是兩種完全不一樣的食物，二者雖然名字很像，但是配料、製作過程、口感都是完全不一樣的。

　　烤冷麵是中國東北的特產，它不是麵條，而是麵皮。烤冷麵的麵皮是蕎麥粉加麵粉，經過壓製後煮熟而成。將麵皮小火加熱，然後涮上醬料，打入雞蛋，撒上調味粉，再加入香腸、洋蔥和香菜，將麵皮捲起後切塊，這道口味偏重的街頭小吃就完成了。

　　而韓國冷麵是將煮熟的麵條放進冷水中浸泡，再放入蔬菜、肉類以及醬料，吃起來清爽可口。

泡菜

如果有一種食物能讓你瞬間想起一個國家,那冠軍絕對是泡菜。

由於朝鮮半島緯度高,冬天無法種植蔬菜,於是人民將收成的蔬菜進行醃製,讓冬天時仍有蔬菜可吃,也因此泡菜成了整個半島的靈魂。

韓國人每年要吃掉 200 多萬噸的泡菜，許多韓國人一日三餐都要吃泡菜。而為了盡可能讓自己能吃到泡菜，韓國還推出一種專門儲藏泡菜的冰箱。

這樣我們就能隨時吃泡菜啦思密達！

面對如此龐大的泡菜需求，韓國每年吃的泡菜也會從中國進口。

趣味冷知識

韓國人為什麼愛吃泡菜？

由於韓國所處的緯度較高，冬天漫長，氣候冷，蔬菜可生長的時間比較短，為了避免冬季蔬菜缺乏，所以家家戶戶入冬前都會做大量的泡菜。

韓國泡菜的主要原料除了大白菜，還有各種帶葉青菜和根莖菜，如蘿蔔、韭菜、香蔥、黃瓜等。除蔬菜外，還會添加水果、海鮮、肉類等配料，然後用辣椒進行醃製。製作好的泡菜色彩鮮艷，看起來就讓人有食慾，而且口感香辣脆爽，是韓國人餐桌上必不可少的開胃菜。

韓國人吃泡菜的歷史悠久，也是韓國家庭的重要儀式，由女性長輩將配方傳給女性後輩，婆婆傳給媽媽，媽媽傳給女兒，一代代傳承下去，所以韓國人對泡菜有著特殊的情感。

火辣雞肉風味炒麵

你有沒有吃過韓國的火辣雞肉風味炒麵？

作為亞洲不紅西方紅的典型食材，火雞非常苦惱。

西方

為什麼我在亞洲紅不起來？

雖然火雞沒有紅，但是火辣雞肉風味炒麵卻紅了。這道神奇的美食從韓國紅到了台灣。

請享用這碗火辣雞肉風味炒麵思密達！

其實，火雞麵和真正的火雞沒有什麼關係，火雞麵的「火」是辣的意思，所以也稱辣雞麵、火辣雞肉風味炒麵。

這種辣是一種甜甜的味道中透著刺激性的辣，是一種顧得了前頭就顧不了後頭，卻會讓人瘋狂愛上的神奇辣味。

帶勁Q彈的麵條拌上特調醬料，可以另外加上芝麻海苔，還可以加上鹹蛋黃製成的綿柔蛋黃醬。

先甜，再香，後辣，最後滿嘴充滿鹹蛋黃的濃香。

太過癮了！

趣味冷知識

東方人為什麼不愛吃火雞？

　　以雞肉為主體的美食講究的就是一個「嫩」字，例如白斬雞、麻油雞、口水雞等，都是因其肉質嫩滑多汁的特點受到歡迎。

　　但火雞卻不是這樣，牠雖然肉多但脂肪含量很低，肌肉纖維粗大，導致火雞肉的口感又柴又乾，如果是高溫烤熟，肉裡的水分都烤乾了，吃起來更難嚼，且沒什麼味道。

　　有人可能會說，可以用來燉湯！不好意思，火雞肉帶有特殊的腥味，不能像家雞一樣拿來熬湯。

　　其實，西方人往往在感恩節、聖誕節才會烤火雞，其儀式感大於食用意義。

玉米梗

吃完了玉米，梗不要丟，收集起來賣到韓國去，可能會發財哦！

一根圓潤飽滿的玉米被啃完，就成了玉米梗，在台灣早期，玉米梗最大的成就就是在鄉下當柴火燒或當肥料，而現在有機會當有機肥料，否則最終的歸宿可能就是垃圾桶。

如果這一切被韓國人看到，那一定是一個痛心不已、讓人捶心肝的畫面！

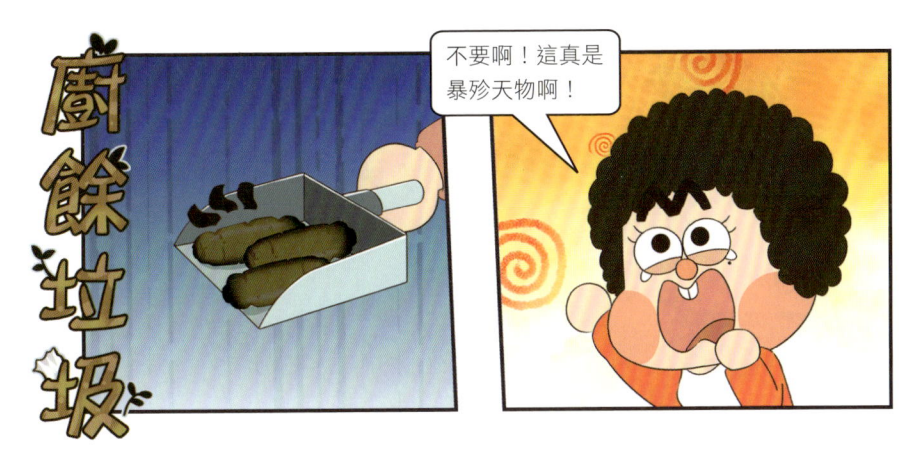

廚餘垃圾

不要啊！這真是暴殄天物啊！

韓國人堅信玉米梗是一種超級健康的美食，他們會將玉米梗切成薄片或磨成粉末，用來泡茶或者放在湯裡、菜裡做調味料。

玉米梗粉來熬湯，身體健康賽金剛！

玉米梗粉來炒菜，改善營養真不賴！

玉米梗粉來泡茶，強身健體思密達！

因此，只要是玉米梗來到韓國，身價就會瞬間猛漲，每根能賣到 400 韓元，約台幣 10 元。

雖然玉米梗確實有藥用價值，但也沒那麼神奇。而韓國人如此愛它，主要還是因為飲食習慣。

韓國曾經是一個糧食非常短缺的國家，為了填飽肚子，他們絕不浪費糧食。

糧食短缺

發現一根玉米梗，藏起來不能讓別人看到。

吃玉米梗就成了一種飲食習慣，流傳至今。

亞洲

趣味冷知識

玉米梗的其他用途

除了被韓國人當作食物，玉米梗還有哪些用途呢？

1. 可以當作動物飼料。玉米梗中含有糖、蛋白質、維生素等，是動物飼料中不可或缺的「營養品」。

2. 可以造紙。玉米梗在粉碎之後可以代替木材造紙，玉米梗造出來的紙韌性比較強，而且易於書寫。

3. 可以釀酒。玉米梗釀酒的工藝比較簡單，而且釀出的酒比較甘甜，有玉米香味。

4. 可以處理工業廢水。由於玉米梗的吸水性能和吸附性能特別強，把玉米梗打碎之後，放入工業廢水中吸取水中的金屬元素，能局部淨化水質。

斑鰩

本來以為鯡魚罐頭、發酵鯊魚肉已經很挑戰人類極限了，沒想到來自韓國的鰩魚是一種比牠們還臭100倍的食物。

斑鰩三合

這道美食是韓國全羅道極具地域特色的鄉土名菜。有人形容它的滋味，就像是公共廁所在嘴裡直接爆炸般可怕！

亞洲

鰩魚的外形很像魟魚，是一種軟骨魚，其整個胸鰭很像一對大翅膀，游泳的時候就像飛翔一樣，乍一看像一隻厚實的風箏。

鰩魚

軟骨魚

但最神奇的是鰩魚沒有膀胱，因此牠們不會憋尿。

哎呀糟糕！我想尿尿……憋不住了……真舒暢！

牠們跟鯊魚一樣，尿是透過全身皮膚排放的，所以鰩魚死後經過發酵，就會滲出很濃的尿臭味。

皮膚

但在沒有冷藏技術的年代，漁民們驚喜地發現鰩魚是唯一一種無須醃製就能保存很久且適合遠距離運輸的魚。

正宗的韓國斑鰩吃法是這樣的：走到店門口，將衣服裝進密封的塑料口袋裡，帶著牙刷和牙膏，然後走進餐廳。

鰩魚搭配五花肉和泡菜，這種吃法也被韓國人講究地稱為「斑鰩三合」。

趣味冷知識

韓國「奇葩美食」背後的飲食文化

　　除了鰩魚，韓國還有一些奇奇怪怪的食物，如聞起來很臭的清麴醬湯，也被接地氣地直接叫作「臭醬湯」。韓國人認為大醬能去除食物中的腥味，可以中和辣味等刺激的味道，令食物的味道變得溫和。

　　生吃，是韓國飲食文化中獨具特色的一點。韓國人崇尚簡樸，在飲食上避免油膩，盡量減少烹飪環節，以保持食物的原汁原味。韓國人對生章魚的喜愛，就像日本人對生魚片的喜愛。章魚不需要任何烹飪，剪掉頭，洗淨後拌上辣椒醬直接吃，不僅能吃出章魚的鮮美，還被認為可以展示韓國人的勇氣。

　　韓國飲食文化中還推崇「五色」，即紅綠白黃黑，是韓國人餐桌上的主色調。以斑鰩三合為例，鰩魚會搭配紅色豬肉、白色蒜瓣、綠色小蔥一起食用，在他們看來，紅色入心臟，白色入肺，綠色入肝，有養生的涵義。

日本和牛

100 多年前的日本，和牛力氣小又沒什麼肉，不是優良品種，有錢人都吃鯛魚、海膽、豆腐，沒人吃牛肉。

> 只有沒品位的人才吃牛肉！

1853 年，美國人打開了日本的大門。隨著西方文化的入侵，有些日本人認為如果不改變自己的飲食文化，將永遠不能跟吃肉的西方人競爭，於是在 1872 年，明治天皇下詔廢除皇室家庭禁止吃肉的規定。①

> 大使，鯛魚和豆腐，請您品嘗！

> 我們就愛吃牛肉！

> 為了身體更強壯，我們也要吃牛肉！

① 西元 675 年，天武天皇頒布了「食肉禁令」，從此人們不再食用禽畜肉，但不包括魚肉等海產品。——編註

不過當時只有日本神戶有牛肉，因為神戶港是進口牛隻的通道，而這裡的知事是留過學、也學會吃牛肉的伊藤博文。

> 我簡直是日本最開化的男子！

伊藤博文

這時的神戶牛只是非常普通的耕牛，但隨著日本人開始吃牛肉後，就開始花時間研究牛隻了！

> 我們要研究出最好的牛肉！

他們用了各種方法，花費數十年的時間精心改良，終於培育出頂級的和牛。

和牛

和牛的肉紅色肌肉中均勻分布著雪花狀的脂肪，號稱「霜降」，這些脂肪會在 25℃的環境下溶解，入口即化，日本和牛成了世界級的美味。

1899 年，來自大阪的松田榮吉先生在東京日本橋漁市場開了一家牛肉飯專賣店──吉野家。

吉野家將食用牛肉文化發揚光大，更甚世界其他牛肉出產國。

但日本把和牛當成國寶，在 1997 年開始禁止活牛出口。

澳洲人趕在這項法令執行前，先讓澳洲本土的安格斯牛和日本和牛談戀愛，生出擁有 50% 和牛血統的和牛 1 號，然後再讓和牛 1 號和日本和牛談戀愛，生出擁有 75% 和牛血統的和牛 2 號。

最終澳洲人發展出血統接近日本和牛的澳洲和牛。

如果你在日本吃牛肉，包裝上寫著國產牛，其實那可能只是一頭在日本生活過的牛而已，並不是真正的和牛。

如今，日本和牛中最著名的一種牛叫作神戶牛，神戶牛肉雖然好吃，但價格是真的貴！

為了吃口牛肉，這代價也太大了，嗚嗚嗚！

趣味冷知識

日本三大和牛

　　日本和牛一直以來都是高級牛肉的代名詞，日本三大頂級和牛分別是神戶牛、松阪牛、近江牛。

　　日本兵庫縣北部的但馬，出產但馬牛。但馬牛的肉質非常鮮美，而神戶牛就是被精心挑選出的純種但馬牛。

　　產於三重縣松阪市的松阪牛也是日本和牛貴族之一。據說每一頭松阪牛都要被飼養足足三年才可食用，飼料以大麥、豆類為主。還要餵松阪牛喝啤酒，甚至幫松阪牛按摩。

　　近江牛產於滋賀縣，是喝著日本最大湖泊——琵琶湖長大的牛。近江牛也有但馬牛的血統，牠們吃以米糠與麥子為主的飼料長大，有時候還要喝糯米甜酒來增進食慾。

壽喜燒

嚴格來說，壽喜燒並不屬於火鍋。

壽喜燒用日本漢字寫下來為「鋤燒」，據說起源於日本古早年代，是指農民們用鋤頭上的金屬部分煎烤肉類的吃法。

在飛鳥時代，日本全國盛行佛教，殺害動物是違反佛法的。而且牛被認為是工作動物，日本人吃牛肉是非法的。

除了生病進補和節慶活動，其他時候都不許吃牛肉！

明治維新後，明治天皇便廢除了皇室家庭禁止吃肉的規定，並讓御膳房為皇室供應羊肉、牛肉、豬肉等肉類。

大人，西方人高大強壯，一定是吃牛肉的關係。

吃牛肉是文明人的標誌，我們都要吃牛肉！

這時，有一種「牛鍋」開始流行，牛鍋是使用扁平的鍋，裡面加一點湯汁，放入食材。但湯汁僅僅是為了煎燒食材，絕對不可以沒過食材，這樣熬煮的吃法演變成了關東派的壽喜燒。

而關西地區的壽喜燒，是在鍋裡塗一層牛油，不加任何湯汁乾燒牛肉，最後用牛肉的汁液來煎熟蔬菜。

因此壽喜燒並不屬於火鍋，盛一大鍋湯來煮菜的壽喜燒可不太正宗哦！

趣味冷知識

日式壽喜燒的正宗做法

　　壽喜燒這款日式料理，簡單一句話介紹就是「蘸生雞蛋液的甜醬油牛肉火鍋」。壽喜燒的口感清淡，食材多選擇蔬菜、豆腐、菌菇和肥牛，湯汁微甜，透著淡淡的鮮味，肉質嫩滑，蔬菜清香。

　　壽喜燒的吃法各種各樣，日式壽喜燒是以雪花牛肉片、老豆腐、金針菇、鮮香菇、娃娃菜、日式甜醬油壽喜燒汁為主要食材的菜品。具體做法很簡單：熱鍋下奶油融化，下肥牛煎香；倒入壽喜燒汁，如果太濃可以加水；然後放入其他食材，比較易熟的食材如蔬菜，可以稍後再放；加適量清水，蓋上鍋蓋燜煮一會兒；等到水煮沸，食材煮熟了，就可以開吃了。沾滿壽喜燒汁的蔬菜、肥牛等，要蘸生的無菌雞蛋液來吃。

刺 身

刺身是日本料理的代表性食物，是一種將新鮮的魚貝、肉類洗淨後切成薄片，蘸著醬料生吃的菜品。

其實刺身最早可追溯到周朝，在古時候叫作「膾」，後來逐漸傳入鄰近國家。

在古代，魚的吃法從遠古的生吞活剝，逐漸演化為周朝高雅的食用方法，即將生魚切成薄片，搭配佐料食用。這一美食被稱為魚膾。

到了唐朝，魚膾全國風行，大詩人李白最愛吃，還寫了一首詩。

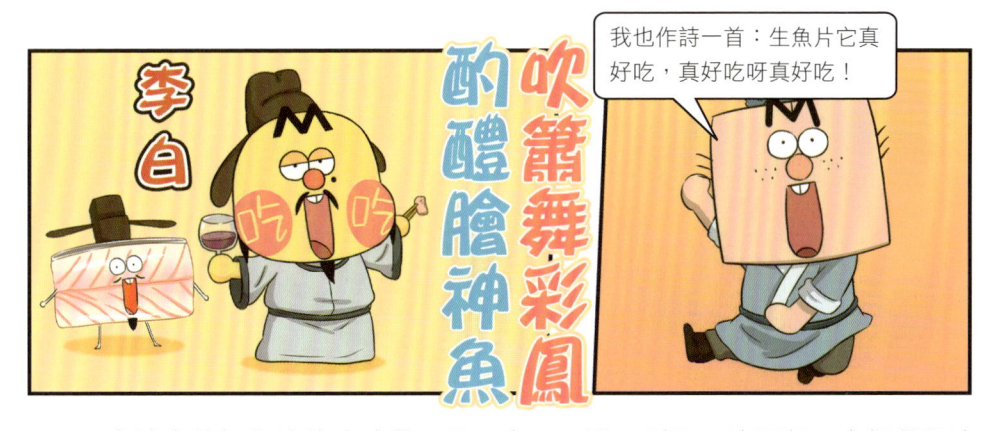

吹簫舞彩鳳
酌醴膾神魚

我也作詩一首：生魚片它真好吃，真好吃呀真好吃！

日本遣唐使把魚膾的吃法帶回了日本。不過，到了明清兩朝，人們覺得淡水魚裡有寄生蟲，還不如吃熱菜、喝熱水來得健康，於是魚膾僅僅存留在少數沿海地區的食譜中了。

多喝熱水保平安！

寄生蟲

日本海鮮豐富，幾乎是萬物皆可刺身。

萬物皆可刺身

吃吃

鯛魚、北極蝦、墨魚和海膽等海鮮都能做成刺身。

鯛魚刺身

北極蝦刺身

墨魚刺身

海膽刺身

趣味冷知識

吃刺身如何防止寄生蟲？

　　日本料理中的刺身大都選用鮭魚、鮪魚等海洋魚類，牠們沒有淡水魚的寄生蟲那麼多，但生食仍然有感染寄生蟲的風險。所以建議大家吃刺身時選擇正規、衛生的餐館，並選擇養殖的深海魚，避免淡水魚刺身。

　　養殖的深海魚從人工授精開始，整個生長過程都有嚴格精準的安全把關，如飼料和環境的控管，對魚苗的疫苗接種等。此外，急速冷凍也是消滅寄生蟲很有效的辦法之一。

　　不少人認為吃刺身時喝酒精濃度高的酒可以殺滅魚肉裡的寄生蟲，其實不然。以肝吸蟲為例，就算是 70 度的酒，也要 24 小時才能將肝吸蟲殺死，而我們的飲用酒遠低於這個濃度，而且酒精在胃中會被食物與胃液稀釋，不足以殺死藏在魚肉裡的肝吸蟲囊狀幼蟲。

壽司

壽司其實起源於漢朝，後來成為日本料理的代表。

我們常見的鮮魚壽司是流行於日本關東一帶的鮨①，那裡靠海，魚肉新鮮。

①為日本漢字，非「鮨」的繁體字，原指帶有鹹辣味的醃魚，現表示「すし」（壽司）。——編註

所以專業壽司師傅對捏壽司的手的溫度都有講究。

> 您做的壽司水分充足，還有淡淡的海水的鹹味，太好吃了！

> 不不不！其實是因為我手上的汗太多了，哈哈哈！

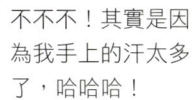

但很少有人知道比鮨更為古老的壽司叫作鮓[1]，鮓最早出現在漢朝，原指將魚和米一同醃製的製作方法。

[1] 為日本漢字，非「鮓」的繁體字。——編註

如今在日本關西、大阪、京都一帶，還能見到皮酥骨爛，帶著金黃色魚子的鮨。慢慢地，日本人把海鮮和米飯結合的食物都歸類為壽司。

壽司這種美味的食物越來越受歡迎，於是一個叫白石義明的壽司師傅，在大阪開了一家立食壽司店。

店名的意思就是：去了只能站著吃壽司。

這麼好吃的壽司，就算跪著也要吃！

亞洲

但是他家的壽司實在太受歡迎，客人多到站都站不下了。

怎麼才能讓顧客更方便地享受壽司呢？

有一天他看到啤酒廠的啤酒瓶運輸帶，突然受到啟發。

有了！我可以用運輸帶送壽司！

1958年，他研發出了可以傳送壽司的運輸帶，客人們只要坐在原位，各種壽司就會源源不斷地從眼前經過。這種有意思的壽司吃法很快紅遍了日本大阪。

人在原地坐，壽司送上門，太方便了！

迴轉 壽司

099

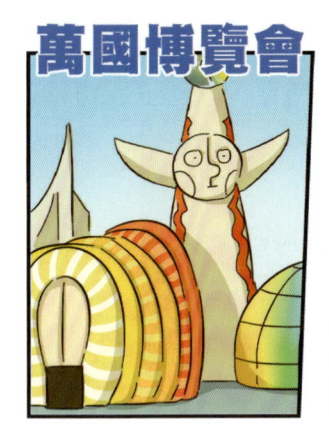

1970 年在大阪舉行的「日本萬國博覽會」中，建在博覽會西入口處的「元祿迴轉壽司店」引起眾人的好奇眼光和青睞。

> 您看我們的迴轉壽司，多厲害！

正當白石義明準備讓迴轉壽司走向全世界的時候，迴轉壽司的專利期到了，於是很多地方紛紛效仿，出現各種迴轉壽司店。

> 我太大意了，嗚嗚嗚！

趣味冷知識

還有哪些非常好吃的壽司？

日本壽司分兩大派別：江戶派的握壽司和關西派的箱壽司。相比之下，握壽司更讓大家喜愛——不使用任何模具，全靠壽司師傅手工握製而成，這樣不僅可以保證米的顆粒圓潤，同時能有效地保持米的醇香。

日本最早的壽司是用米飯、生魚和醬汁做成一口就可以吃掉的小型食品，現今壽司則可以放很多食材，以紫菜或海苔捲米粒與生魚片、黃瓜、肉鬆等，配上芥末、辣根（可作為仿製山葵調料的材料）、醬油、醋，不過仍然必須是一口可以吃掉的大小。

常見的好吃的壽司有：鮪魚手捲壽司、魚子醬壽司、鰻魚壽司、散壽司、一口稻荷壽司、軍艦壽司等。壽司的花色種類繁多，配料可以是生的、熟的或醃過的。不少人都喜歡這種簡單、自然、小巧的美食，壽司在世界各地受到越來越多人的喜愛。

天婦羅

天婦羅這道經典日本料理其實並不是日本人發明的。

在葡萄牙，當地人的習俗是齋戒期不能吃牲畜肉，只能吃魚，於是人們發明了一種把魚、蝦、蔬菜裹上麵糊油炸的食物，葡萄牙語稱為「tempura」。

16世紀，「tempura」隨著葡萄牙的航船來到了日本，於是日本人將其音譯為「天婦羅」。

日本人對美食的精細鑽研真是到了令人驚嘆的地步。天婦羅用到的油是用生榨的太白芝麻油和炒過的焙煎胡麻魚，以3：1的比例混合而成。

再用180℃的熱油炸麵衣，這時內部的蝦肉的溫度要精準地控制在100℃左右，處於蒸的狀態。

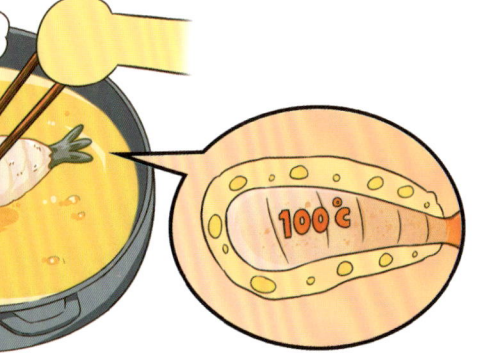

漫畫世界美食冷知識王

　　炸蝦的香甜口感會在第 25 秒瞬間消失，所以一定要在第 24 秒出鍋，此時蝦肉的中心溫度是 45℃，正是蝦肉甘甜的最佳時刻。

24秒

對待美食就要有鑽研的精神！

45℃

我也要學習這種鑽研的態度！

趣味冷知識

天婦羅的歷史

　　天婦羅，就是麵糊裹著食材下鍋油炸而成的食品。天婦羅使用的麵糊以雞蛋麵糊為最多，調好的麵糊叫天婦羅麵衣。

　　1669 年，京都的醫師奧村久正在他所寫的《料理食道記》中提到了天婦羅，是日本製作天婦羅最早的文獻資料。但當時的天婦羅並不能直接食用，而是把食材炸熟之後，留待蒸、煮、燒。看起來，這是一種延長食物保存時間的方法。

　　天婦羅傳入日本後，並沒有很快大規模流行起來，因為食用油在當時太貴了。進入江戶時代，油菜大規模種植，食用油的價格大幅下降後，天婦羅才開始逐步普及。而且當時食材豐富，加入其他食材的天婦羅開始出現，最終成為日本料理的代表之一。

納豆

日本料理裡有一道爭議不斷的美食，那就是納豆。

將煮熟的大豆包進稻草裡面，在40℃的環境中放上一天，第二天就出現了能拉絲1公尺，還有一股腳臭味道的納豆。

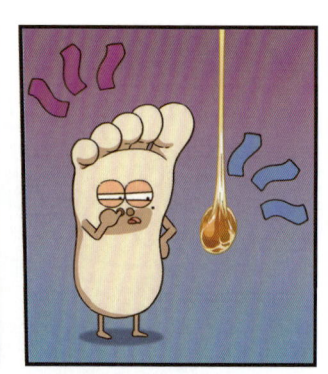

亞洲

這是因為稻草裡有一種納豆菌，納豆菌是個超級強悍的傢伙，可以在100℃的沸水裡存活5分鐘，進入到人體，還能幫人調理腸胃。

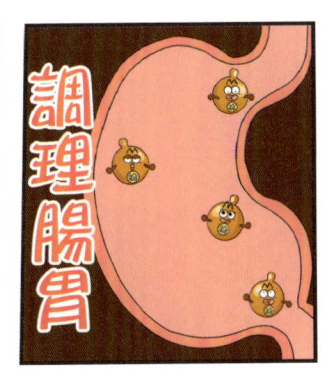

日本每一次出現大規模食物中毒事件，人群裡總是有一群嚼著納豆的老先生、老太太就像沒事一樣。因為納豆具有特殊的滅菌、殺毒、提高機體免疫力的作用。

發生什麼事？
他們怎麼了？

但納豆畢竟只是食物，有些日本人堅信吃納豆不得病，結果他們被救護車帶走了。

吃納豆可以百毒不侵！

其實日本也有很多人無法接受納豆，因為納豆在發酵過程中會產生一種異戊酸，而異戊酸正是納豆具有腳臭味道的關鍵。

可是愛吃納豆的人並不在意這種臭味，他們會拿起一份納豆，攪拌424次，再配上一碗飯。

太好吃了！

亞洲

趣味冷知識

源於中國的納豆為何在當地消失了？

納豆起源於中國豆豉，據古書記載，納豆自秦漢以來開始製作，大約在奈良、平安時代由禪僧傳入日本，所以納豆首先在日本寺廟得到發展。例如天龍寺納豆、大德寺納豆、一休納豆等，均成為寺廟的有名特產。

但現在在中國卻很少看到納豆的身影，這是為什麼？

其一，唐朝時期物產豐富，糧食種類多，大豆並不能成為主要食品，畢竟好吃的太多了。

其二，後來另一種大豆製品——豆腐出現了，豆腐的口感相較納豆好很多，也更容易被大眾接受。

其三，隨著鍋具的誕生和改進，烹飪方式逐漸多樣化，人們不必侷限於納豆這種冷盤食物，有豐富的熱食可選擇。

玉子豆腐

玉子豆腐有一天做了親子鑑定，結果讓它大吃一驚。

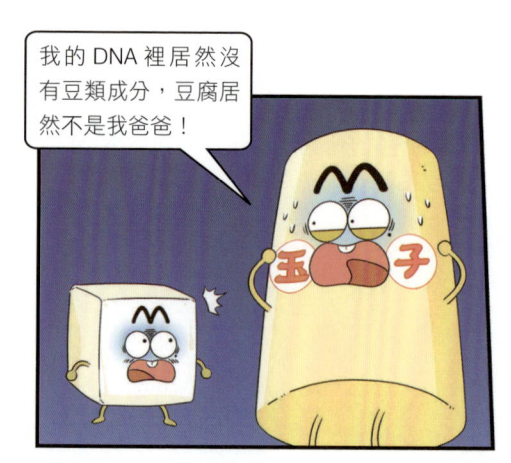

> 我的 DNA 裡居然沒有豆類成分，豆腐居然不是我爸爸！

> 老婆，玉子豆腐居然不是我們的兒子，嗚嗚嗚！

其實玉子豆腐又稱為雞蛋豆腐，起源於日本江戶時代，是用鰹魚、海帶等食材熬出湯汁，加上玉子（雞蛋）蒸熟的一種料理。

因為外形看起來像豆腐，所以被叫作玉子豆腐。後來玉子豆腐傳到東南亞地區，1995年從馬來西亞傳入中國。

趣味冷知識

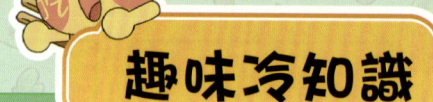

日本豆腐和一般豆腐有什麼區別？

雖然都叫豆腐，但這二者卻是完全不一樣的食物。

豆腐有很多種，有嫩豆腐、板豆腐、凍豆腐、油豆腐等。傳統的豆腐是先把大豆洗淨，泡漲後加水研磨，再過濾掉豆渣製成生豆漿。豆漿中保留了豐富的大豆蛋白質，需要先加熱，使大豆蛋白質變性，再加入凝固劑，靜置後就會凝結成豆花，或者叫豆腐腦。最後再把豆花中的水分用擠壓的方式去除一部分，就是我們平時吃的豆腐了。

而日本豆腐其實不是豆腐，它以雞蛋為主要原料，因為口感像豆腐一樣爽滑鮮嫩，又四四方方的，所以才叫豆腐。日本豆腐在中國會變得受歡迎，主要是因為火鍋、麻辣燙越來越流行，而日本豆腐正是這些料理裡的常見食材，搭配著吃，味道特別好喔！

章魚燒

圓滾滾的章魚燒又叫章魚小丸子，誕生於 80 多年前的大阪，是日本家喻戶曉的庶民小吃。

在大阪，一個叫遠藤留吉的人，發明了一種在麵粉裡裹進牛肉和蔥花的小丸子。

遠藤留吉覺得這種小丸子跟收音機的按鈕長得很像,便取名為「收音機燒」。

名字如此新奇的收音機燒廣受歡迎。後來,遠藤留吉又在當地另一種用麵粉和雞蛋裹著章魚的小吃中找到了靈感,於是把收音機燒升級成章魚燒。章魚燒就這麼誕生了,並一下子紅遍了許多國家。

趣味冷知識

章魚燒醬和照燒醬的區別

　　章魚燒醬和照燒醬口感不一樣，章魚燒醬的味道偏甜，照燒醬的味道偏鹹。另外，二者的原材料也不一樣。

　　章魚燒醬由醬油、鰹魚濃縮汁、糖等原材料混合而成。人們通常將其攪拌均勻，然後刷在章魚燒上，再擠上沙拉醬、芥末，撒上少許海苔粉，通常跟章魚燒一起食用。

　　照燒，是日本料理的烹飪方法，通常是指在燒烤肉品的過程中，在食材表層塗抹大量醬油、糖水等原料，一起燒烤。常見的照燒醬其實就是一種調味料，種類很多，能做出不一樣的美味。

鯨魚肉

為什麼就算和全世界作對,日本人還是要吃鯨魚肉?

日本人捕食鯨魚的歷史源遠流長。

佛教傳入日本後，日本皇室流行起了不吃肉的時尚熱潮。

西元 675 年，天武天皇甚至頒布了禁止吃肉的法令。

凡吃肉的傢伙一律砍頭！

雖然人民無法吃肉、但海鮮不受限制。魚蝦不僅高蛋白、低脂肪，營養豐富，而體型龐大的鯨魚，更是被視為難得一見的美味佳餚。

既然不讓我們吃肉……

那我們就吃海裡最大的動物吧！

據說在日本室町時代，最高級的料理就是鯨魚料理。

鯨魚肉的味道有點像牛肉，但肉質更細膩，也沒有魚的腥味。

鯨魚刺身

鐵板鯨魚

鯨魚壽司

咖哩鯨魚

看起來好好吃啊！

亞洲

但隨著日本人的肆意捕殺，鯨魚的數量越來越少。

1986 年，國際捕鯨委員會通過了《國際捕鯨管制公約》，目的是保護鯨類並維持捕鯨業的可持續發展性。

我們要保護野生動物！

禁止商業捕鯨

但這並沒有讓日本人停止捕鯨。

我們從來沒有進行商業捕鯨，我們是用鯨魚做科學研究。

據說，全球捕殺的鯨魚中，近三分之一被日本拿去做「研究」了。

其實在現代日本，吃鯨魚的人已經越來越少，國際捕鯨委員會也呼籲，全球應該加強國際合作，拒吃鯨魚、海豚肉，來保護我們的環境與動物。

我們還要做研究……

不行！

必須要嚴厲禁止捕鯨！

嚴格禁止

海洋的汙染也間接傷害了鯨魚，使牠們體內有很高的金屬含量。

趣味冷知識

地球上最大的 10 種鯨魚

地球上最大的 10 種鯨魚分別是：藍鯨、北太平洋露脊鯨、南露脊鯨、長鬚鯨、北大西洋露脊鯨、弓頭鯨、抹香鯨、座頭鯨、塞鯨、灰鯨。

體型最大的是藍鯨，成年藍鯨身長最長可以達到 33 公尺，重達 150 噸左右。藍鯨是以小型甲殼類、小型魚類和魷魚為食物來源的海洋哺乳動物，目前在世界四大洋中均有分布。

體形稍小的弓頭鯨是藍鯨的親戚，生活在北極地區寒冷的水域，一頭成年雌性弓頭鯨可以長到 20 公尺長。弓頭鯨壽命很長，牠們可能是地球上壽命最長的哺乳動物，可活到 150～200 歲。

座頭鯨是熱帶暖海性鯨類，以其躍出水面時優雅的姿勢、超長的前翅與悅耳的叫聲而聞名，性情溫順，主食為小甲殼類和群游性小型魚類。雄性座頭鯨每年約有 6 個月時間整天都在唱歌，牠們鳴唱複雜的歌曲，曲譜也會隨時間變化，有研究指出這行為與吸引異性有關。

鰻魚飯

越來越多的人喜歡吃鰻魚飯，但不幸的是，用來做鰻魚飯的日本鰻鱺快要絕種了。

鰻魚飯

除了市場需求外，鰻魚這種魚類也很奇特。

怪我囉？

怪你太好吃！

亞洲

20世紀初，日本人開始研究人工養殖鰻魚，但人們發現鰻魚雌雄同體，可男可女。

牠們在種群數量多的時候變成雄魚，種群數量少的時候又變成雌魚。

我根本不知道養的是雌還是雄，怎麼繁殖啊？

鰻魚對繁殖這件事毫無興趣。直到1976年，科學家們在鰻魚體內注射了鮭魚和鯉魚的腦垂體提取物，這才讓人工養殖的鰻魚成功談起了戀愛，開始繁衍後代。

好不容易能繁殖了，剛出生的小鰻魚又挑食，牠們拒絕吃一切食物。於是科學家們費盡心機以鯊魚卵為食材，才做出專供鰻魚食用的飼料。

把我的孩子還給我！

雖然解決了吃飯的問題，但小鰻魚吃飯太猛，常撞在養殖池壁上受傷。養殖者們不得不製作高級的圓形循環水箱，但是，小鰻魚的存活率還是不足5%。

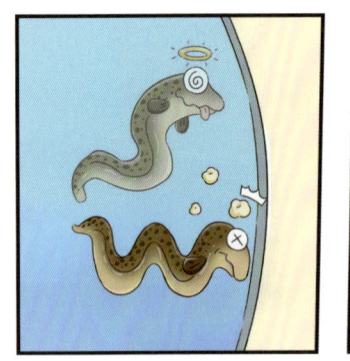

這也太難伺候了，嗚嗚嗚！

所以說起正宗的日本鰻魚飯就是一個字：貴！

貴

亞洲

趣味冷知識

世界上有多少種鰻魚？

　　世界上的鰻魚一共有 18 種，常見的有歐洲鰻、美洲鰻、日本鰻、澳洲鰻、非洲鰻、鱸鰻、菲律賓鰻、新西蘭鰻、印尼鰻等。其中，台灣有日本鰻、鱸鰻、西裡伯斯鰻和短鰭鰻這 4 個品種，但是最多的是日本鰻，其他 3 種都非常少見。對日本人來說，一年當中最適合吃鰻魚飯的日子，是夏季的「土用丑之日」；在台灣，政府為推動鰻魚飲食文化，希望將鰻魚與「健康、長壽」做連結，將重陽節訂為「食鰻節」。

鯛魚

要說最能代表日本料理的魚類，非鯛魚莫屬。

在日本人心中，鯛魚是「萬魚之王」，就連日本文化裡的本土福神惠比壽①手裡抱著的也不是元寶，而是鯛魚。

你這魚不錯，我用桃跟你換啊？

不換！不換！

①惠比壽被尊為商業之神，是日本的本地神。——編註

鯛魚能在日本流行多虧了魚販的頭腦動得快。

你知道嗎？鯛魚有9塊特別的骨頭！

鯛之福玉　筌道具　欸形　鳴門骨　鯛中鯛　鯛石　竹馬　大龍　小龍

集滿這9塊骨頭，就可以召喚福神，夢想成真！

其實這9塊骨頭並不是每條鯛魚都有的。

嘿嘿！成功啦！

這種販售鯛魚的模式成功地被科學麵學到。

趣味冷知識

鯛魚為什麼被稱為「魚中之王」？

　　鯛魚自古就受到日本人的深愛，早在繩紋、彌生時代，人們便開始食用。但並不是所有的鯛魚都被稱為「魚王」，只有通體紅色、在日本海域中有分布的真鯛才是真正的「日本魚王」。而真鯛之所以能夠成為「魚王」，並不是因為牠體積較大，而是因為牠在日本文化中的地位高，而且口感也非常好。真鯛色澤鮮艷，通體嫣紅，自古就被日本人民視作能帶來吉祥的貴重食用魚類。在日本，每逢年節、婚禮、壽誕，喜慶的宴席上都不能沒有真鯛，真鯛也是日本市場中的暢銷魚。

番紅花

能與鵝肝、松露、魚子醬這三位貴公子比拼的美食應該只有番紅花了吧！

因為番紅花的特點就是一個字：貴！

亞洲

番紅花最早在希臘進行人工栽培，慢慢的遍及整個歐亞大陸，再到北非、北美與大洋洲等地，它們並不是一朵朵小紅花。

當你看到中亞國家漫山遍野的紫色花海，那就是番紅花，它們是一種名貴的中藥材。

人們只會摘下番紅花中間的 3 根雌蕊。

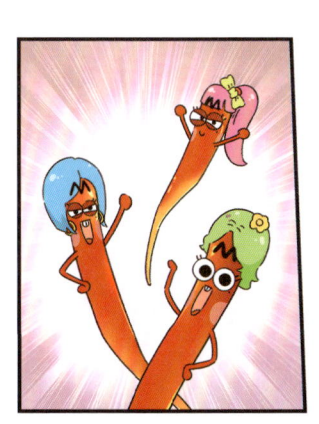

請 3 位雌蕊進入貴賓套房！

其他的部位，請止步！

就這樣，20萬朵番紅花經加工後，僅僅能得到1000克左公克的雌蕊柱頭。

1000公克

人們為什麼對這區區3根雌蕊如此著迷？因為番紅花有一個神奇的功效。

我們的身體不斷地代謝後，會慢慢地累積多餘的游離原子，叫作「自由基」。

亞洲

但自由基過多，會破壞身體細胞結構、產生病變，造成許多器官與功能老化，導致疾病發生。

太難受了！

而番紅花就像一個自由基獵人，專門消滅你體內的自由基。

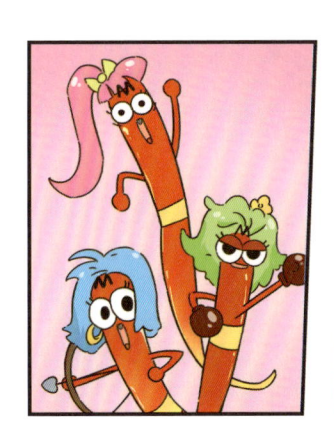

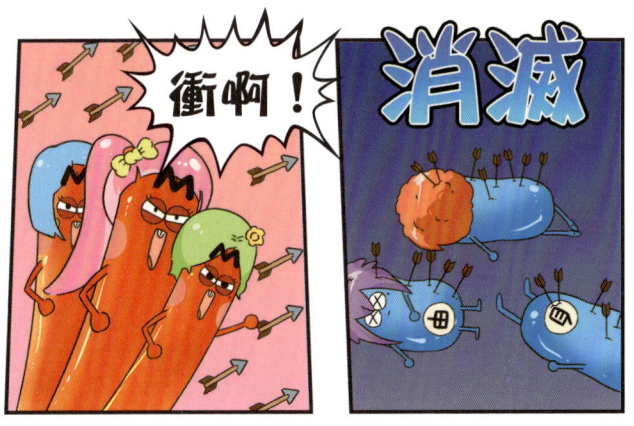

衝啊！

消滅

更何況，番紅花自古就是愛美的姑娘們的終極美顏法寶和暖身必備之物。

所以價格昂貴的番紅花對人們來說，可運用在食材與傳統醫學上，所以其作用也是一個字：好！

趣味冷知識

番紅花的品種

　　番紅花在明朝時期進入中國，這種花不僅有藥用品種，也有園藝品種。

　　番紅花依照花期可以分為「春花」與「秋花」兩大類：春花類品種有春番紅花、黃番紅花、早番紅花、金番紅花，秋花類品種有番紅花、美麗番紅花。

　　番紅花屬植物全世界大約有 75 種，分布於歐洲、中亞及巴基斯坦等地，都具有美麗的花朵和袖珍的株態。觀賞性品種還具有濃郁的香味，可用於製作各種香料；番紅花的花蕊還可以泡茶，很受花友的喜愛。

鷹嘴豆

不白吃曾經在中東國家被一道神奇醬料迷得神魂顛倒。

> 這是什麼醬啊？蘸大餅也這麼好吃！

它就是經典的阿拉伯食品 hummus，其實就是鷹嘴豆泥，是以搗成泥狀的鷹嘴豆為原料，加入芝麻醬、大蒜和檸檬汁等製成的配餐佐料。

HUMMUS

亞洲

　　鷹嘴豆是一種一端有細尖，形似鷹嘴的豆子。鷹嘴豆對於中東地區就像五穀對於亞洲人一樣重要。

　　當年黎巴嫩試圖給鷹嘴豆泥註冊「黎巴嫩特產」的商標，並做了一盤 2 噸重的鷹嘴豆泥宣示主權，以色列人知道後很不服氣。

> 這明明是我們的特產。

　　於是以色列人做了一大盤重達 4 噸的鷹嘴豆泥表示抗議，結果黎巴嫩人又不開心了。

> 哼！太幼稚了！我們做個更大的！

漫畫世界美食冷知識王

　　於是黎巴嫩人做了一盤 10 噸左右的鷹嘴豆泥，並圍著它唱起了勝利的歌曲！為此，以色列人差點就要做出 15 噸的鷹嘴豆泥，幸好這個大車拼因為金氏世界紀錄的評審委員無法前往以色列而未被執行。

　　而在新疆，人們自古也食用鷹嘴豆。新疆木壘哈薩克自治縣被譽為鷹嘴豆之鄉，其產出的鷹嘴豆顆粒飽滿。鷹嘴豆脂肪低，營養豐富，是超健康的零食首選。

要想健身不長肉，我們都吃鷹嘴豆！

趣味冷知識

鷹嘴豆的食用禁忌

鷹嘴豆營養成分較全，富含蛋白質，還有豐富的膳食纖維、微量元素和維生素。鷹嘴豆的澱粉具有栗子風味，和小麥一起磨成混合粉可當作主食。鷹嘴豆粉加上奶粉製成的豆乳粉容易消化和吸收，是嬰幼兒和老年人的食用佳品。鷹嘴豆粉能做成各種風味點心，以及獨具特色的沙拉醬。鷹嘴豆籽粒可以做豆沙、煮豆、炒豆或油炸豆，也可製成罐頭食品。

鷹嘴豆的營養價值很高，而且味道也十分不錯，還有增強免疫力、促進發育、安撫情緒等保健功效。

但是若與豬肉一起食用，會引發脹氣、消化不良；與優格、蕨菜、芹菜一起料理，則會降低營養價值。如果有痛風或消化問題的人，也需注意食用時不過量，避免造成反效果喔！

開心果

早在西元前 7000 多年的西亞，人們就已經開始吃開心果了。

開心果其實是長在樹上的，去掉紫色果皮，等到白色果殼成熟之後，就開心地裂開口了。

我好開心啊……咔！

亞洲

　　一棵開心果樹上能結許多開心果。目前開心果已在世界上廣泛栽培，美國、土耳其、希臘、敘利亞、阿富汗等國家均有種植。

　　其實早在 3500 年前，伊朗人就在種植開心果了。

　　開心果正式的學名為「阿月渾子（Pistachios）」。據說，開心果是在唐朝時經由絲綢之路傳入中國。中國的開心果栽培至少已有 1300 多年的歷史。

絲綢之路　　阿月渾子

這不是日本名字唷。

在美國的農場，人們會用專門的開心果採摘機來採收成熟的開心果。一陣瘋狂搖動之後，一整棵樹上的上萬顆開心果就「跳」到了採摘機裡。

好開心啊！搖出眼淚了！

搖！搖！搖！

果子都搖掉了，身體感覺真輕鬆！

採摘機

開心果的外殼呈淡黃色，有圓潤的自然開口，非常容易剝開。剝開果殼，紫紅色果衣裡面是翠綠色的果仁，顆粒飽滿，香脆可口。

台灣市場上的開心果樹主要靠美國或伊朗進口，而且因為開心果樹種植大約7年之後才能結果，所以市面上的開心果並不便宜。但開心果營養豐富，有益腦血管健康，能降血脂、血壓。

趣味冷知識

開心果的營養價值

　　開心果又叫必思答、綠人果、胡榛子等，吃起來香脆可口，營養價值非常高，富含多種礦物質、維生素等營養成分。開心果含有很多抗氧化作用的花青素，被稱為「天然抗氧化劑」。開心果的果仁裡面也有很多葉黃素，這種物質也可以抗氧化、保護視網膜。

　　開心果不僅可以剝殼直接食用，還可以炒來吃，如開心果炒時蔬；也可以涼拌，如開心果蒸拌豆腐、開心果火腿沙拉…等。

土耳其冰淇淋

你吃過那種只給你甜筒，冰淇淋卻老是黏在老闆手中棒子上的土耳其冰淇淋嗎？

傳說，一個土耳其大叔看到路邊有個哭泣的小男孩，於是打算送給小男孩一個冰淇淋。

> 小朋友，你怎麼哭了？

> 嗚嗚嗚！

> 小朋友，我送你一個冰淇淋吧！給你——不給！

小男孩被老闆的幽默逗笑了，於是越來越多的冰淇淋店都用這種方式逗笑顧客。

不白吃當年在土耳其也被這樣捉弄了。如果土耳其冰淇淋老闆遇到脾氣暴躁的顧客，應該會被揍吧！

耍我呢！

我打！！

其實，現在大部分逗人的土耳其冰淇淋店都是服務遊客的。而土耳其冰淇淋之所以能被冰淇淋老闆輕易「取」走，是因為其有極強的黏性。

土耳其冰淇淋用的都是山羊奶，而且會在其中加入當地特產的蘭莖粉。

蘭莖粉能夠讓冰淇淋韌性十足，像麵團一樣。

土耳其本地人去冰淇淋店，很多時候會用刀叉來切這麼有韌性的冰淇淋。

趣味冷知識

土耳其的特色小吃

土耳其被譽為「美食天堂」，走在土耳其的大街小巷，都會禁不住被琳瑯滿目的美食所吸引，下面為你介紹幾種土耳其的特色小吃。

沙威瑪。沙威瑪對土耳其人的意義，就像漢堡之於美國人一樣，是享譽世界的快餐形式之一。把直立式的旋轉烤羊肉、牛肉或雞肉削下來，加上配料，就能完成這道土耳其菜式。

芝麻圈麵包。酥脆的麵包圈上面撒著醇香的芝麻，是男女老少都喜愛的美食，一日三餐都可以隨意搭配。

米布丁。一般會放在小陶碗中烤，烤後表面會有一層焦黃的蛋皮，用勺子輕輕挑開，就可以看到香郁的牛奶，舀一勺入口，口感 Q 彈，滿嘴都是奶香味。

彩虹糖（梅爾西糖、奧斯曼糖糊）。這是非常傳統的土耳其甜品，將五彩繽紛的糖漿黏在木棍上，像彩虹一樣絢麗的外觀對孩子們非常有吸引力。

麝香貓咖啡

咖啡中的奢侈品就是它——麝香貓咖啡。

在歐洲上流社會，頂級的麝香貓咖啡能賣到一杯 60 歐元，相當於新台幣 2,400 元。

這也太貴了！我家貓也可以！

放棄吧！你家的貓吃了咖啡豆，也產不出麝香貓咖啡！

麝香貓

麝香貓咖啡是一種由印尼的麝香貓吃下咖啡果後，排出來的咖啡豆做的咖啡。

18世紀初，荷蘭人在印尼殖民地蘇門答臘島和爪哇島一帶建立了咖啡豆種植園，奴役印尼人種咖啡豆，但是卻不允許當地人喝咖啡，這可氣壞了印尼人。

荷蘭人真是欺人太甚！咖啡豆都是我們種的，居然不讓我們喝咖啡！

你說什麼？

我……一定要把咖啡豆全部運回歐洲！

漫畫世界美食冷知識王

當地的麝香貓非常識貨，專偷最頂級的咖啡豆來吃，這讓印尼人更加生氣了！

可惡的麝香貓，我種咖啡豆卻喝不到咖啡，你居然還偷吃，吃完還把咖啡豆拉在我面前，我……

既然平時喝不到，我為什麼不用這坨便便裡的咖啡豆自製咖啡呢？

太好喝了！

就這樣，麝香貓咖啡成了全世界咖啡中的潮流。

潮流

亞洲

象屎咖啡

全世界頂級又昂貴的咖啡不只有麝香貓咖啡，還有象屎咖啡。象屎咖啡是用咖啡豆來餵養亞洲象，經過其體內發酵，大象將無法消化的咖啡豆排出體外，再將咖啡豆進行清洗及烘焙製成的，這種咖啡又被稱為「黑象牙咖啡」。

象牙咖啡

咖啡豆裡有一種獨特的泥土芬芳！

咖啡豆換個腸子跑了一圈，製成的咖啡價格居然比貓屎咖啡還要貴一倍。

如此重口味的咖啡還有巴西才有的「鳳冠雛鳥屎咖啡」、秘魯長鼻浣熊的「熊屎咖啡」、用恆河猴咀嚼過的咖啡果實製成的「猴子咖啡」等，小小一杯千金難求，真是頂級的美食！

趣味冷知識

咖啡的起源和傳播

咖啡起源於非洲東部衣索比亞的「卡法」(Kaffa)地區。15世紀以後,咖啡開始風靡全球。葉門的摩卡港口每年要往外輸送大量的咖啡,因此摩卡也就成了咖啡的代名詞。

17世紀,英國、奧地利、法國、德國和荷蘭的咖啡館如雨後春筍般湧現。1728年,牙買加總督尼古拉斯·勞斯爵士將咖啡植株帶到了牙買加,很快的,牙買加的藍山種植園出產了舉世聞名的藍山咖啡。1852年,巴西成為世界最大的咖啡生產國。

19世紀末,傳教士將咖啡傳入台灣。1904年,傳教士在雲南種植咖啡;1908年,華僑將咖啡從馬來西亞、印尼引入海南,此後,廣西、福建、四川、廣東等地也開始種植咖啡。

束早雞

想不想嘗嘗身價數萬台幣的雞爪是什麼味道？這種昂貴的雞爪就來自越南的束早雞。

在越南有一種雞中貴族，上半身看起來和普通雞沒什麼差別。

俗話說：美不美，看大腿。你往下看！

但牠們的雞爪又大又粗，跟成年人的手腕差不多，因此也被稱為「大腳雞」。

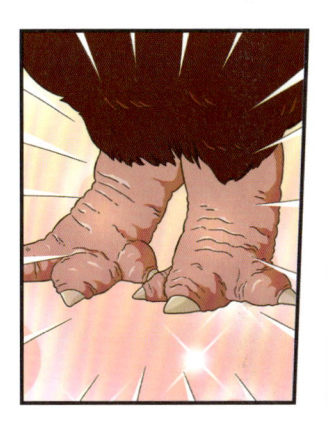

這是雞媽媽和哥吉拉[1]生的孩子嗎？

[1]日本影史上最悠久、經典有名的怪獸角色。——編註

東早雞的雞爪在越南可以賣到上千元一隻，最貴的時候居然要將近 6 萬元才能買到一對上好的東早雞爪。

什麼？這也太貴了，吃不起啊！嗚嗚嗚！

東早雞在古時候是專供越南王室的貢品，只有在祭祀的時候才會食用。

吃不起很正常。

漫畫世界美食冷知識王

　　即使到了現在，東早雞也是世界上極昂貴的雞之一。2014 年起中國也開始飼養東早雞。

一隻東早雞至少也要台幣上千元。

今年過節不收禮，收禮只收東早雞！

亞洲

趣味冷知識

有關雞的冷知識

　　1. 雞是世界上數量最多的鳥類，據估算目前世界上有超過 250 億隻雞。雞的腳印幾乎遍及全世界，除了梵諦岡和南極洲沒有雞，其他只要是人到過的地方，雞也到過，而且在北極也有雞哦。

　　2. 在印尼有一種稀有的雞叫作西馬尼烏雞，由於色素沉澱過度，這種雞從內到外都是黑色的，包括羽毛、喙還有內臟。西馬尼烏雞一隻售價可以到 2500 美元左右，因為價格昂貴，也被稱為「藍寶堅尼雞」。

　　3. 雞可能是暴龍的遠親，即一種獸腳亞目恐龍。

油炸蜘蛛

想不想來一隻油炸蜘蛛？當你遇到蜘蛛並大喊大叫時，柬埔寨人的口水早流得滿地都是了！

在柬埔寨的素昆鎮（Skuon），油炸蜘蛛可是一道經典美食。

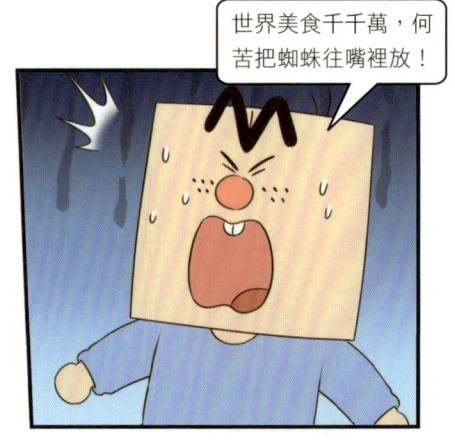

世界美食千千萬，何苦把蜘蛛往嘴裡放！

20 世紀 70 年代，當地難民在饑餓難耐之下鼓起勇氣生吃蜘蛛，吃完後發現牠們居然如此美味。

為了活下去，蜘蛛長得再醜也要吃。

沒想到，這奇醜無比的蜘蛛這麼美味！

人們又嘗試加上大蒜、鹽，把蜘蛛再油炸一下，沒想到不僅口感鮮嫩酥脆，而且據說味道介於雞肉和鱈魚肉之間。

油炸

真香！

所以，美味的油炸蜘蛛在當地有著驚人的交易量。

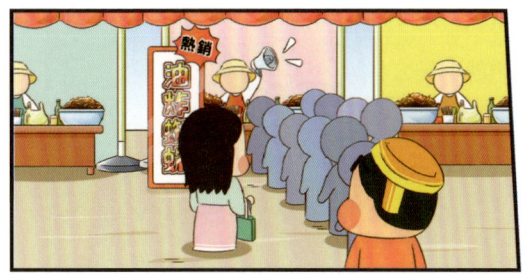

蜘蛛抓不夠！

柬埔寨有專業的抓蜘蛛團隊，江湖人稱「蜘蛛獵人」。

他們會用汽油把小木棍點燃，往蜘蛛巢裡一插，蜘蛛們聞到汽油味，就會被嗆出來。

太不講武德[1]了，嗚嗚嗚！

①習武者須遵守的道德。——編註

亞洲

不過蜘蛛獵人的工作看似簡單，其實危險重重。

如果搞錯蜘蛛巢，出來的很可能是大毒蠍子或者大毒蛇。

救命啊！

深山叢林找蜘蛛，
心驚膽跳想要哭！

漫畫世界美食冷知識王

更要命的是，他們腳下還埋著戰爭遺留下來的無數地雷，稍不留神就會從蜘蛛獵人變為「蜘蛛烈人」。

為了捕捉牠們，很多蜘蛛獵人甚至在手上刺青各種昆蟲圖案做誘餌，儘管這個職業非常危險，但在柬埔寨卻是貧困居民重要的收入來源。

這種油炸蜘蛛用的是當地的長毛黑蜘蛛，並不是所有的蜘蛛都能吃哦！

趣味冷知識

雲南的油炸花蜘蛛

　　油炸花蜘蛛是雲南布朗族的風味菜。這種花蜘蛛學名大腹圓蛛，長在山野之中，差不多指頭大小，肚子橢圓飽滿，長著花紋。將捕捉回來的花蜘蛛去掉頭和腳，留下圓鼓鼓的肚子，用水洗乾淨後放入油鍋內用微火煎炸，到蜘蛛腹呈黃色後起鍋，撒上鹽或者其他調味料就能吃了。咬一口，花蜘蛛飽滿的肚子就會在嘴裡爆開，裡面是香綿的肉，富含蛋白質，鮮美得無與倫比。

泰式酸辣湯

你第一次喝到泰式酸辣湯「冬蔭功湯」是什麼感受？

冬蔭功音譯自泰語 Tom-Yum-goong，在泰語中，「冬蔭」指將東西混合出酸辣口感然後烹煮的意思，「功」就是蝦，冬蔭功湯其實就是酸辣湯。

據說在18世紀的泰國吞武裡王朝，鄭信王的女兒淼運公主生病了，食慾不振，什麼都吃不下。

這個吃不下，那個也吃不下，我要餓死了！

鄭信王這下可急壞了。

沒關係，爸爸一定治好妳的病！

一位大廚自告奮勇端上一份用香茅、南薑和當地特有的箭葉橙製成的酸辣湯。

香茅

南薑

葉橙

公主，快喝了這碗祕製濃湯。

公主喝了後胃口大開。

爸爸，我感覺我的病已經好了！

太好了，爸爸太高興了！

就這樣，冬蔭功湯被封為了泰國的國湯。

亞洲

趣味冷知識

冬蔭功湯裡都有哪些食材？

　　冬蔭功湯也叫東炎湯，主要食材有泰國特有的檸檬葉、香茅、辣椒和蝦，湯裡集合了酸辣甜鹹和濃濃的香料味道。

　　冬蔭功湯中最主要的一種配料是泰國檸檬，即前面提到的箭葉橙，這是東南亞特有的調味水果。另一種調料是魚露，這是一種像醬油一樣的調味品，又稱魚醬油，是一種在中國廣東、福建等地常見的調味品。湯裡的辣味來自泰國朝天椒，是世界上最辣的辣椒之一。

漫畫世界美食冷知識王

香水鳳梨

當你來到「水果王國」泰國，街頭的國民水果除了榴槤，還有一種像拳頭一樣大的香水鳳梨。

傳統的大鳳梨為了保證新鮮，往往還沒熟就被摘下來。所以有時候買了大鳳梨，削了皮泡鹽水之後一嘗，不僅不甜，還又酸又澀。

好難吃！

亞洲

但在泰國，香水鳳梨都是澈底成熟後才會被採摘，然後經削皮、包裝後再售賣。

打開袋子，瞬間香味撲鼻，怪不得叫香水鳳梨。

哇！比我的初戀還甜！

我沒有初戀，謝謝！

宛如偶像劇裡的戀愛滋味。

169

這麼好吃的香水鳳梨，在過去因為運送能力不足，所以只有到了泰國才能吃到。

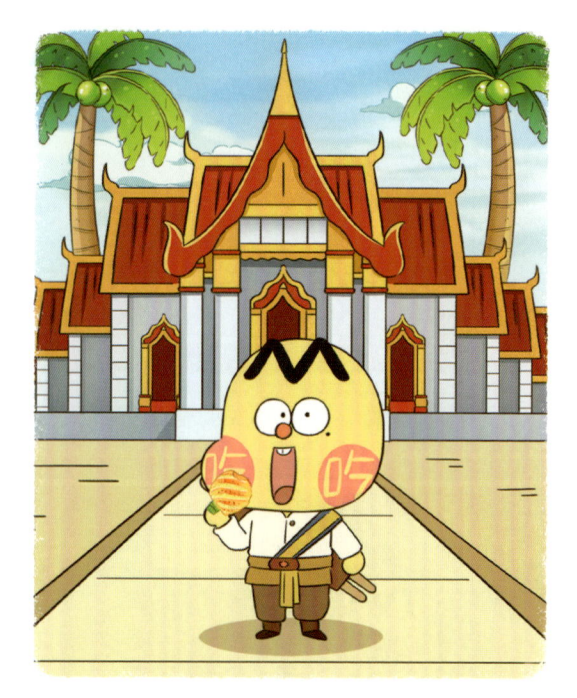

但現在，隨著國際貿易的便利，在國內也能吃到啦！

甜甜蜜蜜就是我，我是香水小鳳梨！

趣味冷知識

鳳梨為什麼要泡鹽水？

　　鳳梨吃之前要用鹽水浸泡，主要是因為鳳梨中含有鳳梨蛋白酶，這種蛋白酶會刺激口腔黏膜，出現刺痛、麻木的現象，會讓人感覺非常不舒服。用鹽水浸泡一下，可以在最短的時間內消除掉鳳梨蛋白酶，避免出現刺激現象。鳳梨最好泡半個小時左右，這樣既不會讓鳳梨裡的營養過多流失，也不容易滋生細菌。

榴槤

你覺得榴槤是臭還是香？

臭死了，走開！

太香了，好想咬一口！

大名鼎鼎的鄭和當年下西洋，在東南亞找到一種當地水果，吃得非常盡興，香甜濃郁的果肉讓他流連忘返，於是就將這個水果叫作「榴槤」。

太好吃了！就叫它「榴槤」吧！

亞洲

其實東南亞的新鮮榴槤清香甜蜜，味道若是臭的榴槤很多是提前採摘，運行了幾千公里到你手裡，已經沒有那麼新鮮了。

怪不得這麼臭！

榴槤有幾個主要的輸出國家：馬來西亞、泰國、越南與印尼，台灣每年進口上萬公噸。

榴槤有許多品種，比如金枕頭榴槤、貓山王榴槤、青尼榴槤、乾堯榴槤等。

貓山王榴槤

金枕頭榴槤

青尼榴槤

榴槤被稱為「水果之王」，營養價值很高，富含蛋白質、各種維生素、膳食纖維、碳水化合物和鈣、磷、鐵、鎂等礦質元素，能有效補充人體所需能量。榴槤中所含的膳食纖維可以促進胃腸蠕動和改善消化功能。

榴槤有臭味，是因為它含有硫化合物，使得榴槤味道很濃。

榴槤雖然好吃，但不要一次吃太多喔。

趣味冷知識

榴槤的臭味來自哪裡？

　　榴槤中的臭味是由一些含有硫元素的烴類化合物引起的，這種含硫化合物會釋放出刺激性氣味，有點類似臭雞蛋的味道。在生物學上，榴槤散發臭味，對於榴槤的生存和繁衍至關重要。榴槤果實成熟後會從樹上掉落，然後慢慢裂開，散發出刺激性的臭味。猴子、鹿、大象、犀牛等動物被這種強烈的氣味吸引，找到榴槤，在吃下榴槤果肉的時候也吞下了榴槤種子。種子不會在動物體內消化，而會被動物排泄到森林的其他地方，榴槤藉此達到繁衍的目的。

蚊子肉餅

在夏天，你是不是每天都要和蚊子奮戰？然而這時，非洲人民早就在吃一道絕美佳餚——蚊子肉餅。

每逢雨季到來，非洲的維多利亞湖就會出現數之不盡的蚊子大軍。這時，非洲人們便直接拿出平底鍋衝進蚊子群一頓亂拍，瞬間就能打掉幾十萬隻蚊子。

非洲的蚊子超級大。

我拍一！

高級的食材往往只需要最簡單的烹飪方式，非洲人把這幾十萬隻蚊子放在砧板上，加入調料攪拌，再像揉麵一樣揉成團，捏成餅狀。

> 看起來好像牛肉漢堡裡的肉排。

然後再用油一煎，伴隨著滋滋的聲音，蚊子肉的香味噴湧而出。

濃香的蚊子肉餅雖然黑漆漆的，但據說蛋白質含量是普通牛羊肉的 7 倍，且吃起來很像魚肉，聞起來還有一股魚腥味。

不過，蚊子身上帶有大量病毒、細菌，是病菌傳播的主要方式之一，所以不建議嘗試食用哦！

趣味冷知識

世界四大「蚊蟲王國」

　　世界四大「蚊蟲王國」是新疆哈巴河縣北灣邊境、南美洲的亞馬遜河、非洲的查得湖與坦葛爾喀湖。

　　北灣邊境位於額爾齊斯河、哈巴河、別列孜河、阿拉克別克河的交匯點。這裡水資源豐富、日照充足，因此河岸兩邊布滿灌木叢和雜草，再加上氣候適宜，所以極其適合蚊蟲的繁殖和生長。因為有了如此好的繁衍溫床，加上當地能夠與之對抗的天敵非常少，蚊蟲們的繁衍一發不可收拾，連體型都比其他地方的蚊蟲還大。相比其他地方，這裡的蚊蟲密度也高，到了夏天，場面更是難以控制，據統計每立方公尺能夠達到上千隻，密密麻麻的蚊蟲如風如霧，黑壓壓一片。

泥餅乾

在非洲有許多國家，吃泥土是一種古老習俗。非洲人認為土壤中富含多種人體所需的元素，還能夠治療疾病，所以非洲人一直都保持著吃泥土的習慣。

> 沒事吃點土，省錢又治病！

非洲的「吃土」和現代人口中的「吃土」不同。一般人所說的「吃土」只是一個用於調侃自己錢包空空的詞語，但在非洲，「吃土」真的就是吃泥土。

> 抓去非洲吃土吧！

亞洲

比如在坦尚尼亞，很多人實在是太窮了，沒有足夠的糧食能填飽肚子，於是從很久以前，他們就開始吃土。

他們把泥土搗碎，過濾，摻水做成泥漿，在裡面加點鹽、一點奶油或蔬菜，製成餅乾，這就是非洲常見的泥餅乾。

泥餅乾

這種泥餅乾吃下去很快就會有飽足感，至少一天不會餓肚子了。

瞬間感覺飽飽的！

吃飽回去睡覺！

但吃下去容易，排泄的時候就困難了。吃土太多的非洲人往往肚子巨大，身材乾瘦，嚴重時根本無法排泄而憋死。

如今，許多非洲國家已經沒那麼窮困，吃土成了當地文化。他們在土裡加上木薯粉、玉米、土豆、香蕉，做成一道民俗小吃。

非洲街上有不少婦女會賣泥餅乾。

趣味冷知識

非洲的奇怪美食

　　在非洲，奇奇怪怪的美食有很多，比如香爆蝸牛。這道美食是用非洲蝸牛製作而成的，非洲蝸牛體形大，身長7～10公分，重量從幾十克到幾百公克不等。非洲蝸牛肉質飽滿厚實，營養價值高，被當地人視為「黃金肉」。

　　蝙蝠也是非洲人口中的美食，這裡的蝙蝠都是巨型蝙蝠，當地人稱為「叢林肉」。蝙蝠的烹飪方法有紅燒、煮湯和燒烤，據說味道與雞肉類似。

　　還有一道非洲傳統小吃叫「庫博」，這種美食看起來像是鋸下來的樹樁，切開後中間是棕黑色的，像焦糖一樣。其實這是用糯米粉製作的麵點小吃，糯米粉外包裹一層棕櫚葉，用火烤熟，然後用刀切成一片片，像糯米餅一樣，它的味道與煎粽子差不多。

漫畫世界美食冷知識王

夏威夷果

春節年貨中少不了的夏威夷果，其實老家根本不是夏威夷，它是土生土長的澳洲堅果。

18世紀，英國殖民者登上了澳洲這塊神奇的大陸，原住民非常好客。

> 遠道而來的朋友，歡迎你們！

沒過多久英國就占領了澳洲。這時他們肚子餓，便吃了酋長獻上的堅果。

但其實這根本不能怪澳洲的原住民，而是夏威夷果有個親戚——「粗殼澳洲堅果」，它和夏威夷果長得一模一樣，卻是有毒的。

可是歐洲人並不知道這一點，他們認為這種堅果的果仁都有毒素，必須經過長時間的浸泡後才能食用。

直到有一天，在布里斯本植物園，一個小男孩奉命去敲開這種堅果準備要栽種。沒想到這個小男孩敲開堅果後，忍不住香氣的誘惑，便嚐了一口，發現白胖的果仁吃起來味道不錯，並且他也安然無恙。

濃濃的奶香，一定很好吃！

那個堅果有毒，不能吃啊！

於是歐洲人才發現，這種堅果中有一類是無毒且美味的，因此發現了香甜的夏威夷果。到了19世紀末期，這種澳洲堅果樹被引進夏威夷，大規模商業化種植，因此讓許多人誤以為是夏威夷的特產。

趣味冷知識

世界四大堅果

　　世界四大堅果分別是榛果、核桃、杏仁、腰果，它們都有堅硬的外殼，包覆著油質的可食種子，營養豐富。

　　榛果果形像栗子，卵圓形，有黃褐色的外殼，全世界有16種，主要分布在亞洲、歐洲和北美洲。核桃又稱胡桃、羌桃，核桃仁含有豐富的營養素，包括人體必需的鈣、磷、鐵等多種礦物質和微量元素，以及多種維生素，對人體有益，可強健大腦，是深受大家喜愛的堅果類食品之一。杏仁又可分為甜杏仁（南杏）和苦杏仁（北杏），和巴旦木是兩種不一樣的東西。它生長在大陸性氣候地區，一般種植在向陽的地方。腰果又叫檟如樹、雞腰果、介壽果，它有豐富的營養價值，可以炒菜，也可作藥用。

澳洲紅蟹

每年一到 10 月分，澳洲就有 1 億多隻紅蟹開始大遷徙，爬得到處都是。

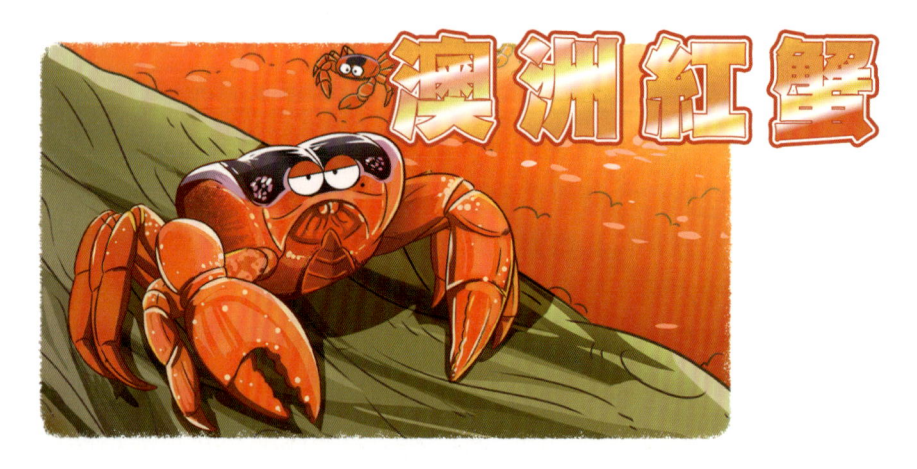

距離澳洲約 1,565 公里處有一個聖誕島，是澳洲的外島領地，但其實離東南亞更近。島上居民約 2,000 人，其中不少是華人。

大洋洲

而這裡最著名的奇觀就是紅蟹大遷徙，這種紅蟹都是「旱鴨子」，不會游泳，生活在島上的森林裡。

每年 10 月分起，紅蟹就開始談戀愛，並開始前往牠們的戀愛聖地——海邊。

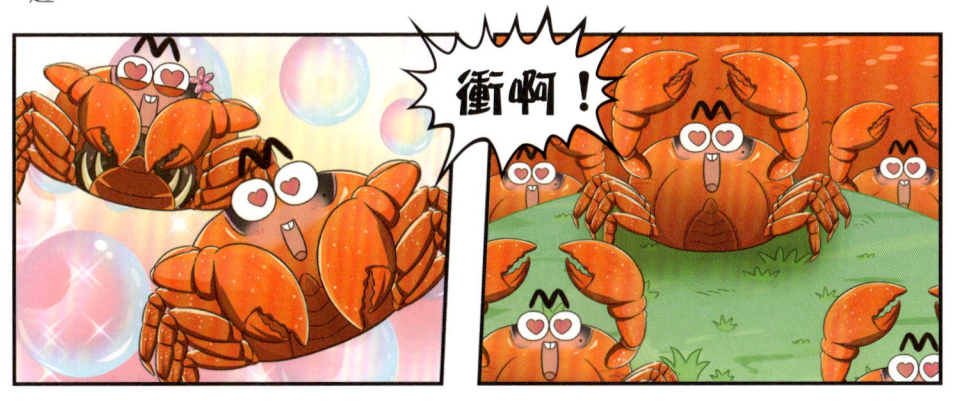

衝啊！

戀愛聖地

漫畫世界美食冷知識王

被感情沖昏頭的紅蟹，不管三七二十一就這麼橫行去海邊。

衝啊！

房子擋住我們，就爬房子！

馬路擋住我們，就過馬路！

大洋洲

我們幫紅蟹蓋一座天橋，讓牠們過馬路吧！

人群擋住我們，就穿過人群！

於是每到年底，當地的交通就會陷入一片混亂。人們開車出門都會輾壓到成千上萬隻紅蟹。

紅蟹突破層層關卡，終於來到了海邊，談完戀愛，就把卵產在海裡。

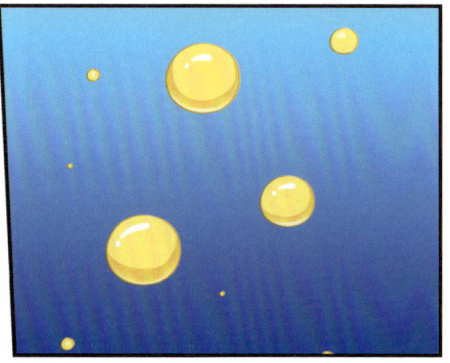

漫畫世界美食冷知識王

小螃蟹最早就像個浮游生物，長大後才突然發現自己是個「旱鴨子」。小螃蟹趕快爬上岸，蛻皮、蛻殼後返回森林，4年後加入尋覓愛情的大遷徙隊伍。

為什麼紅蟹會如此泛濫？因為紅蟹身體裡有一種毒性蟻酸，如果吃了會破壞腸道黏膜，不宜食用。

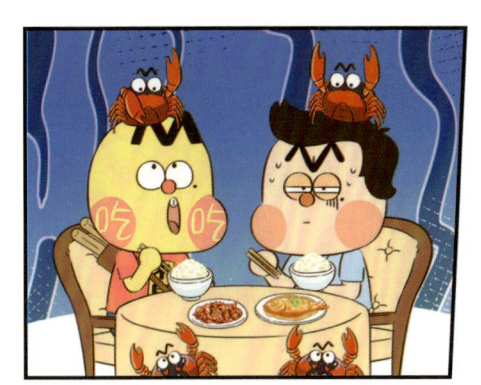

有人說，紅蟹大遷徙可能是世界上最大規模的動物大遷徙。

等一下，你看過中國春節的返鄉人潮嗎？

春運

大洋洲

趣味冷知識

世界上好吃的螃蟹排名

　　對愛吃海鮮的人來說，螃蟹無疑是一種不可多得的美味。世界頂級美味的螃蟹有日本北海道的宗谷紅毛蟹、美國的藍蟹、中國的黃油蟹和阿拉斯加的金色帝王蟹等。

　　宗谷紅毛蟹是日本三大名蟹之一，這種螃蟹喜食俄羅斯來的浮游生物，所以其蟹肉飽滿，蟹味也非常濃，肉質更是鮮嫩肥美，冬季的紅毛蟹最為可口。美國藍蟹的蟹爪和蟹鉗都是藍色的，口感鮮嫩，可以清蒸，也可以做成口味絕佳的蟹餅。中國的黃油蟹前身其實是常見的膏蟹，在經過風吹日曬後，逐漸蛻變為黃油蟹，其蟹肉、蟹爪乃至蟹腿都是金黃色的。金色帝王蟹的蟹殼呈現閃亮的金黃色，肉質細膩可口，雖然外表看起來並不大，蟹肉也不豐滿，但其味道卻堪稱一絕。

巴旦木

有人稱巴旦木為「美國大杏仁」，不過巴旦木跟杏仁一點關係都沒有。

巴旦木實際上是扁桃仁。

哈哈哈，今天終於輪到我扁桃仁上場了！

大家好！我是愛發炎的扁桃腺。

喂！你搞錯了啦！不白吃介紹的是扁桃仁，不是扁桃腺！

扁桃最早是由波斯人種植的,扁桃成熟後,果肉會自動裂成兩半。

這個果肉看起來就很難吃,直接扔掉!

波斯人把果肉扔掉後,留下內核,叫它 badam,中文音譯為「巴旦木」。

巴旦木早在唐代就從波斯傳入新疆,新疆如今也是高品質巴旦木的主產地之一。

新疆生產的巴旦木也很棒哦!

而巴旦木之所以被誤稱為「美國大杏仁」，是因為美國加州的巴旦木產量約占全球產量的 80%，是世界上最大的巴旦木產出國。

> 嘿！我們是來自美國的巴旦木！

> 我們雖然價格昂貴，但營養豐富！

巴旦木殼薄易剝，咬一口醇香酥脆，奶香四溢。

一顆巴旦木中約 24% 都是蛋白質，還有強健腸道的膳食纖維和維生素 E，所以常吃巴旦木對身體好，但不能過量食用哦！

趣味冷知識

巴旦木的食用禁忌

　　巴旦木是受大眾喜愛、極具營養價值的一種堅果，含有豐富的蛋白質、維生素 E 和不飽和脂肪酸等營養成分。食用巴旦木可以提高人體免疫力、保濕護膚、控制體重。

　　但是如果一次吃過多的巴旦木會增加腸胃的負擔，導致消化不良，出現腸胃不適的症狀。此外，巴旦木裡的脂肪含量比較高，如果吃得過多，很容易導致發胖；再者巴旦木是熱性乾果，食用過多容易導致上火。

長山核桃

過年的時候，家裡是否會準備長山核桃當作解饞的零嘴呢？長山核桃又稱為美國山核桃。

很久以前，美洲印地安人發現這種堅果必須用石頭才能敲開，便以此為靈感，將它取名為「pacane」。這個名稱一路沿用至今，成了現代所熟知的「pecan」。

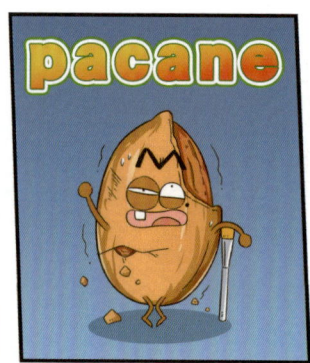

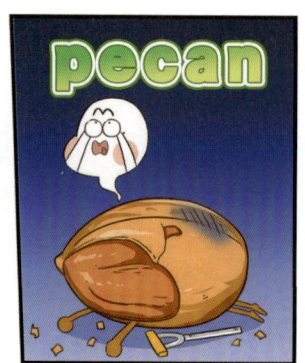

想要種出長山核桃可不容易，一顆種子種下去，需要澆水、施肥，六、七年後才能結出第一批果子。

播種　澆水　終於結果子了！　豐收

雖然結出了果子，但外面還有一層綠色的果皮，如果等不及想偷吃而提前扒開果皮，手就會被染成黑色。

啊！我的手！

不過，如果長山核桃樹一旦成熟了，就能穩定生長 300 年。

300年

桃二代

兒子，爸爸將這棵長山核桃樹不動產傳給你，從今天起，你就是「桃二代」。

長山核桃中 72% 的成分都是脂肪，雖然脂肪含量高得嚇人，但它的脂肪可不是那種不健康的劣質脂肪，而是不飽和脂肪酸。

不飽和脂肪酸

> 別擔心，我不是讓你發胖的脂肪，而是不飽和脂肪酸。

適量攝入不飽和脂肪酸，不僅不會長肉，還會降低不好的膽固醇，改善身體發炎狀況，增強免疫機能。

> 好吃也要適量哦！

趣味冷知識

長山核桃和核桃的區別

長山核桃和核桃長得很像,兩者有什麼區別呢?

首先是外觀不同,長山核桃的果實是矩圓形或長橢圓形,頂端有黑色的條紋,內果皮比較平滑,有暗褐色的斑點;而核桃的果實是橢圓形,呈灰綠色,內部的堅果是球形,為黃褐色,表面還有不規則的槽紋。

其次是產地不同,長山核桃是薄皮山胡桃樹的果實,盛產於北美洲的國家;而核桃的原產地為伊朗,現主要分布在中亞、西亞、南亞和歐洲等地,新疆、甘肅、陝西、河北、雲南、山西、四川等地都有種植。

仙人掌

你知道仙人掌是墨西哥的國民美食嗎？墨西哥人吃仙人掌就像我們吃高麗菜一樣普遍。

把仙人掌的刺和皮去掉後，就可以做成各種菜餚。

仙人掌炒雞蛋

仙人掌燉湯

炭烤仙人掌

這湯太好喝了！

在墨西哥，仙人掌是不可或缺的經濟作物。

很多人只要在家門口種下一片仙人掌，就能解決溫飽問題。甚至只要觀察每戶家門前的仙人掌數量，就能大致看出他們的財富和地位──仙人掌越多，表示這家人越富有。

關於墨西哥人之所以這麼喜歡仙人掌，還有一個傳說。

漫畫世界美食冷知識王

傳說墨西哥人的祖先原本過著有一餐沒一餐、顛沛流離的游牧生活，有一天，善良的太陽神給了他們指引。

你們往前走，找到一個有湖又有仙人掌的地方，仙人掌上有一隻正在吃蛇的老鷹，那裡有吃有喝，可以住下來。

太陽神，你是在開玩笑嗎？

去哪裡找站在仙人掌上吃蛇的老鷹？

哇！居然真的有！

於是他們在這裡建立了特諾奇提特蘭城，也就是墨西哥城的前身。如今墨西哥的國徽就是一隻站在仙人掌上嘴裡叼著蛇的老鷹。

特諾奇提特蘭城

墨西哥城

204

趣味冷知識

駱駝吃仙人掌不怕刺嗎？

　　你看過駱駝吃仙人掌嗎？滿身刺的仙人掌被牠們吃得津津有味，但是仙人掌的刺讓很多動物都無從下口，為什麼駱駝不怕這些刺呢？

　　駱駝不怕刺，首先是因為駱駝的嘴很粗糙，不怕被扎到。其次，駱駝用來咀嚼仙人掌的是布滿嘴巴兩邊的像鋸齒一般的肉刺。這些肉刺在非進食狀態下是緊貼著口腔內壁的，當食物進入後就會立起來，與仙人掌的刺「硬碰硬」。這樣仙人掌的刺就會被折斷，食用時就像在幫駱駝的嘴巴按摩。因此，仙人掌既刺不透駱駝的嘴巴，駱駝吃起來也很舒服。

　　但那些被折斷的仙人掌小刺依然是具有殺傷力的，此時駱駝的唾液會將這些小刺軟化，並跟著磨碎的仙人掌一起進入消化道中。

紅絲絨蛋糕

今天你之所以能嘗到美味的紅絲絨蛋糕，背後有個小故事。

紅絲絨蛋糕源自紐約的華爾道夫飯店。1959 年的某一天，一位女客人點了一份紅絲絨蛋糕，品嘗一口後驚為天人。

> 這是我這輩子吃到的最美味的蛋糕，沒有之一！

請把這個紅絲絨蛋糕的祕方告訴我！
如果我能學會做紅絲絨蛋糕，我一定能夠成為蛋糕界的女神。
您確定想要紅絲絨蛋糕的祕方嗎？
我非常確定！
祕方
那好，您收好，這就是紅絲絨蛋糕的祕方，您真是我這輩子見過的最愛紅絲絨蛋糕的人！
為什麼這麼說？
因為這份蛋糕的祕方價格不菲！
祕方
但您一定不會覺得貴吧！

漫畫世界美食冷知識王

> 謝謝惠顧，歡迎下次光臨。

> 這是我這輩子吃過的最大的虧，沒有之一！

> 我……我要讓全世界都知道這個祕方，讓你們再也沒有顧客！

於是，她發表了一篇文章，把紅絲絨蛋糕的祕方公諸於世。

揭祕！！
紅絲絨蛋糕祕方

因此，現在到處都能吃到的紅絲絨蛋糕。

208

趣味冷知識

紅絲絨蛋糕裡的紅絲絨是什麼？

　　蛋糕裡的紅絲絨是可可豆經萃取加工而製成的，一般好的紅絲絨會選取非洲象牙海岸的可可豆。紅絲絨還會伴有奶香味，好的紅絲絨粉中會加入白脫牛奶（Buttermilk），一般的會採用奶精。而紅絲絨中的紅色素是從植物甜菜根中提煉出來的，是一種天然色素，也可用紅麴粉來代替。紅絲絨能讓蛋糕形成漂亮的鮮紅色，而且吃起來如絲絨般輕盈又順滑。

雞尾酒

雞尾酒裡又沒有雞尾巴，為什麼要叫雞尾酒？

在 19 世紀的美國，哈德遜河旁邊有一家小酒館。

酒館老闆非常愛聊天，見人就跟人吹牛。

我有「三絕」！

第一絕：我有一隻在鬥雞場上絕對不會輸的大公雞。

第二絕：我有一個收藏世界各地絕佳美酒的酒窖。

第三絕：我有一個擁有絕世美顏的女兒。

漫畫世界美食冷知識王

酒館老闆的第三絕總是能吸引許多客人，其中有一個是經常往返於哈德遜河的船員，他總是會逗酒館老闆的女兒開心。

嘿！美女！

你知道我想用蔥蘸點什麼嗎？

蘸醬油？

錯！我要占（蘸）有妳的心！

啊！太噁心了，你離我女兒遠點！

大洋洲

但兩人還是相愛了,老闆知道男生只是個小船員時,就放下狠話。

> 除非你能當上船長,否則別想娶我女兒!

船員一聽,瞬間握緊拳頭。

> 我收到你的鼓勵了,岳父大人!

於是他發憤圖強,真的當上船長,迎娶了心上人。

> 我是要成為船長的男人!

漫畫世界美食冷知識王

婚禮當天，酒館老闆把第二絕的好酒拿出來慶祝女兒的婚禮。

今天我第三絕的寶貝女兒結婚，是時候把第二絕的好酒拿出來了，但是我第一絕的大公雞也不能缺席！

沒錯，把牠燉了！

你敢！最多動牠一根雞毛！

老闆把好酒全部混合在一起，調出一杯絕世美酒，再把一支雞尾羽插在酒裡。

雞尾萬歲

從此這種酒就被大家叫作雞尾酒了。

貼心提示：未成年禁止飲酒。

趣味冷知識

酒有哪些用處？

　　酒是日常生活中很常見的一種飲品，同時還有其他的用處。

　　在煮肉時，加進一些啤酒，可以去腥提香。在米缸裡面放一瓶白酒，瓶口要高於米堆，不要封口，這樣白酒揮發的氣體就會防止米蟲的產生。

　　白酒的主要成分是酒精，濃度越高，酒精含量越高，而酒精能消滅自然界常見的細菌、真菌等微生物，假如受了皮外傷，身邊沒有醫用酒精、優碘等消毒液，噴點白酒有暫時消毒的作用。

漫畫世界美食冷知識王

羊駝

如果一個南美洲的朋友看見羊駝,那麼羊駝在他的眼中其實是……

羊駝烤串 **烤全羊駝** **羊駝肉漢堡**

什麼?!

養隻羊駝多帥氣啊,怎麼能吃牠呢?

羊駝

大洋洲

在我們南美洲，我的鄰居約翰養了一隻羊駝，還說過節時就把牠煮了！

在台灣，一隻羊駝市場上的價格約十幾萬元。

南美人民真有錢，可以一天三餐吃羊駝燒烤！

其實羊駝在南美洲並不貴，但是坐擁全球多數羊駝的精明秘魯人發現羊駝這麼受歡迎，於是限制了羊駝的出口。

全世界都喜歡羊駝，物以稀為貴，我要限制羊駝出口。

便宜

217

於是，羊駝價格一路飆升。

衣服不用點羊駝毛，都不好意思說自己穿的是精品。

開幕慶放兩隻羊駝，高級感加倍！

家裡不養些羊駝，都不知道該怎麼用別墅前的大院子！

唯一需要小心的就是別靠近牠，小心牠吐你一臉酸菜味的口水！

這道……地南美味！

趣味冷知識

羊駝是一種什麼動物？

羊駝其實是駱駝科無峰駝屬的一種，並不是羊。南美洲的無峰駝有原駝、駱馬、美洲駝以及羊駝。羊駝的外形像綿羊，性情溫馴，伶俐而通人性，從不會咬人──因為沒有上門牙。在南美洲，羊駝是最早被馴化的動物之一，不但可以作為運輸工具，而且身上的毛髮比羊毛要長，光亮而富有彈性，是南美洲優質的紡織原材料。

漫畫世界美食冷知識王

天竺鼠

超級可愛的天竺鼠，一直在做食物和做寵物之間痛苦徘徊。

天竺鼠

天竺鼠也叫豚鼠或荷蘭豬，牠的老家原本在南美洲。西元前5000年，南美洲安地斯地區的傳統美食就是烤天竺鼠。

烤天竺鼠

大洋洲

在考古學上，曾在秘魯發現天竺鼠的雕像。

感謝天竺鼠大神捨身成仁，讓我們溫飽！

直到有一天，西班牙殖民者入侵南美洲，把可愛的天竺鼠帶回歐洲。荷蘭人瞬間被這個小可愛給迷住了。

天啊！這也太可愛了吧！

不養天竺鼠，怎能彰顯您的高貴？

不養天竺鼠，怎麼突顯您高尚的情操？

221

於是會做生意的荷蘭人就把天竺鼠炒作成了上流社會必養的高貴寵物。

天竺鼠的生活終於重見光明！

荷蘭人，謝謝你們！

賣天竺鼠賺大錢的荷蘭人又想把天竺鼠賣給日本人，結果日本人不感興趣。

買隻天竺鼠當寵物吧！

什麼？養老鼠，你是不是頭殼壞掉了？

大洋洲

於是荷蘭人靈機一動。

荷蘭豬

不是養啊！你看牠看起來肥肥的，這是我們荷蘭的豬啊！其實是用來吃的！

早這麼說我就買了嘛！

於是天竺鼠改名荷蘭豬，成為日本料理。天竺鼠的生活又墜入萬丈深淵。

怎麼又開始吃我們了，嗚嗚嗚！

荷蘭豬

漫畫世界美食冷知識王

不過，天竺鼠實在太可愛了，沒多久，人們還是覺得牠們更適合馴養！

最終天竺鼠還是成為風靡全球的小寵物。

可愛萬歲！

趣味冷知識

怎麼可以吃鼠鼠？

　　烤天竺鼠是厄瓜多的名菜。早在印加時期，天竺鼠就是當地土著居民重要的肉食來源。

　　天竺鼠在厄瓜多有許多做法，其中以烤最出名。開水拔毛，去除內臟，把整隻天竺鼠穿在木棍上，塗抹鹽、胡椒、醬汁等調味料，轉烤1小時，直至表皮變為金黃色。烤熟的天竺鼠外焦內嫩，肉質鮮美，再配上安地斯山區特製的辣椒醬，嚐起來的滋味鮮香滑嫩！

　　天竺鼠為什麼會被稱為荷蘭豬呢？據說是因為牠們的體型有點像豬──頭比身體大，脖子粗壯，圓滾滾的，沒有尾巴；牠們也和豬一樣，大多數時間都在進食。此外，可能還有個原因是，天竺鼠的叫聲類似小豬的叫聲。

　　所以啊，天竺鼠這麼可愛，怎麼可以吃呢！

西梅

西梅，有點像李子，但外形為橢圓形，口感較甜。

1856 年，一個法國果農將梅子樹苗引入美國，從此加州成了西梅最大的產區。

南美洲的智利是西梅的樂園，因為那裡的晝夜溫差比較大。

啊！好熱啊！

啊！好冷啊！

白天

夜晚

較大的溫差讓智利的西梅汁水豐腴、甜而嫩滑，只可惜這麼完美的果子保鮮時間並不長。

為了讓如此甜美的西梅能夠隨時被吃到，人們把西梅做成了乾果。

做成乾果，想吃就能吃到。

我雖然乾了，但我還是你的小甜甜！

西梅的抗氧化成分含量在水果中名列前茅，含有豐富的維生素Ａ、鉀、鐵、膳食纖維等營養成分。

什麼是抗氧化？就是永遠十八歲喔！

現在進口貿易發達，我們也能吃到新鮮的西梅了。

大洋洲

趣味冷知識

西梅是不是梅子？

　　西梅的名字裡有個「梅」字，但它並不是梅子。有一個中文名是黑棗，在植物分類學中屬於薔薇科李屬落葉喬木，原產西亞和歐洲。

　　1885 年，中國煙台地區引入西梅，引入後並沒有大量種植，也沒有商業化種植，而是在新疆引種栽培後逐漸發展起來的。在美國加州，西梅通常不會直接食用，而是採摘後曬乾水分，加工成西梅乾，然後再流入市場或者出口到國外。西梅的主產區環境比較特殊，西梅的糖分高，更利於鮮食，還可以用於製作蜜餞、果醬、果酒等食品。

青蛙汁

當你想在下午茶時間來杯手搖飲料的時候，想不想試一試秘魯國民飲料——青蛙汁？

青……蛙！？

在南美洲的秘魯，鮮榨青蛙汁很受歡迎。

秘魯街頭的小店裡會有一個玻璃魚缸，裡面養著上百隻青蛙。

老闆，來一杯經典青蛙汁！

好的！

老闆會在魚缸裡抓一隻「幸運兒」，然後飛快地把牠打暈，剝皮後放進果汁機裡打成汁。

再加入蜂蜜、蘆薈、蘿蔔汁等顧客喜歡的配料，進行攪拌。

這樣，一杯清涼可口、沁人心脾的青蛙汁就做好了！

秘魯人認為青蛙汁簡直就是神仙飲料，不僅營養豐富，而且白天喝了不睏，晚上喝了助眠。

早期，秘魯人用來榨汁的青蛙大部分是一種叫作「的的喀喀湖蛙」的蛙類，這種蛙僅分布在的的喀喀湖，目前已瀕臨絕種。

雖然這道美食在秘魯非常受歡迎，但還是要向大家強調，不要為了口腹之欲去傷害的的喀喀湖蛙喔。

趣味冷知識

秘魯的特色菜

　　秘魯美食融合了當地土著印地安人和西班牙的烹調方式，也受到了來自非洲、亞洲和歐洲等國家的移民潛移默化的影響。在秘魯的海鮮料理中，最具特色的是檸檬汁醃生魚，這是一種把生魚浸泡在檸檬汁裡的菜餚，用檸檬汁的酸味促使生魚的蛋白質變性，是秘魯美食中具有日式風味的經典之作。秘魯烤雞是秘魯人常吃的一種平民食物，食用時的蘸料黃辣椒醬是這道菜的靈魂所在。烤雞時加入的調料大多是由當地的植物製成的。秘魯還有採用獨門配方製成的大粽子（Juanes），這是秘魯亞馬遜河一帶的主要菜餚之一，粽子裡有大塊的雞肉和雞蛋，吃起來很美味。

南極磷蝦

有一種蝦，鯨魚吃完之後嘴臭到無論吃再多塊口香糖都救不回來，它就是鯨魚最愛吃的南極磷蝦。

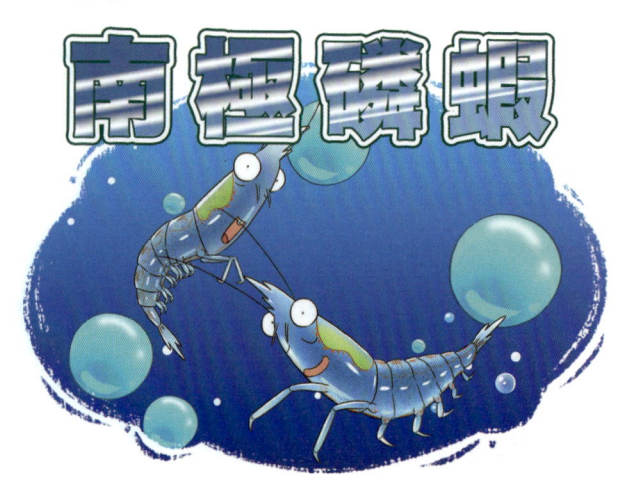

別看南極磷蝦小小隻，成蝦平均僅 50 公釐長，但卻是全世界最龐大的群體。在南極，磷蝦總量有 50 多億噸，50 多億噸是什麼概念？全球糧食年產量約 30 億噸，即使全世界的人只吃磷蝦，也不會餓肚子。

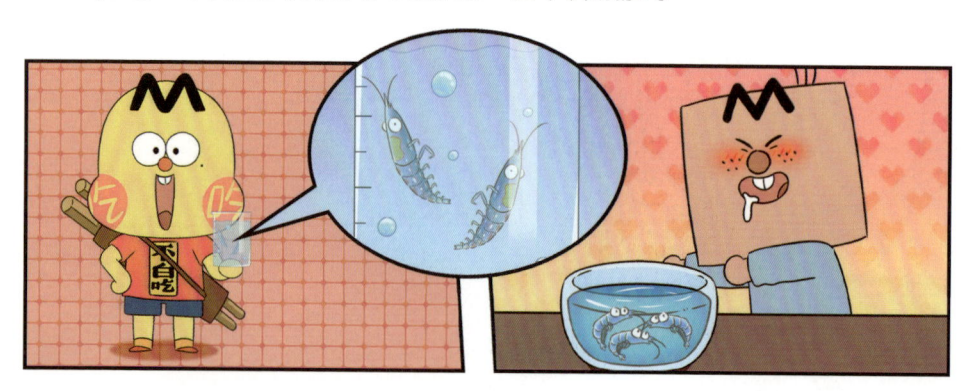

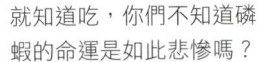

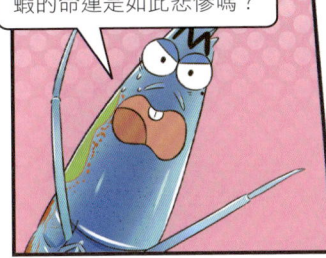

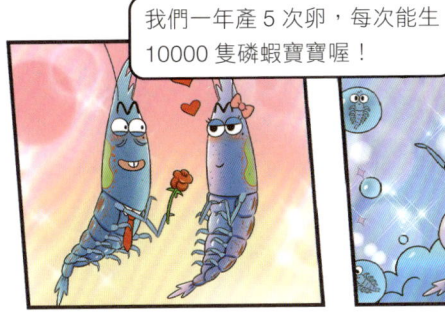

但吃南極磷蝦是有代價的，南極磷蝦身體裡有一種特別的自溶酶，一旦磷蝦死掉，身體就會迅速腐壞。

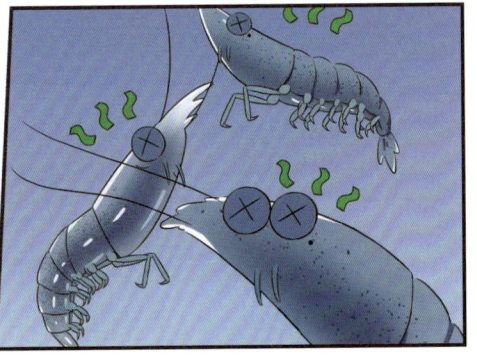

這讓愛吃磷蝦的藍鯨成了海洋裡的口臭大王，沒有人敢靠近。

南極海狗也愛吃磷蝦，嘴裡也是臭氣沖天。

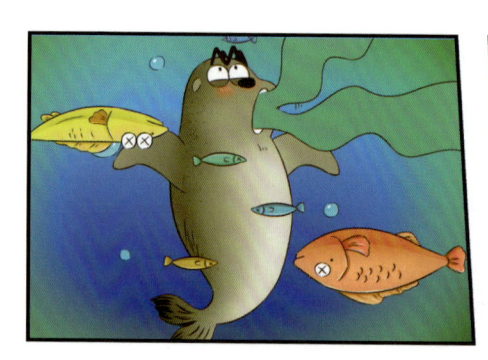

不過，只要不讓磷蝦腐壞，牠們的味道還是很鮮美的。

真香！

趣味冷知識

不是蝦的南極磷蝦

南極磷蝦又被稱為大磷蝦或者南極大磷蝦，體長 40～60 公釐，體重 2 公克左右，身體較透明，長著紅褐色的斑點，生活在南極周圍比較寒冷的海域。

牠的名字叫蝦，看起來也像蝦，卻和我們平時在市場上見到的蝦有所不同。從分類上看，磷蝦是介於浮游動物和游泳動物之間的一種甲殼類生物。磷蝦有許多種類，比如南極大磷蝦、三晶柱螯磷蝦、冷磷蝦以及長臂櫻磷蝦等。因體形較小，通常人們不會直接食用，而是進行工業化加工。雖然人類一般不會直接吃南極磷蝦，但是牠們是企鵝、海豹和鯨魚等海洋生物的主要捕食對象。

大洋洲

醃海雀

有一種臭得讓鯡魚罐頭、發酵鯊魚肉、斑鰩都自慚不如的黑暗料理之王，它就是伊努特人愛吃的醃海雀。

在北極圈內的冰天雪地裡生活著伊努特人。

北極地區

這裡經常 -30℃，沒有蔬菜，也養不了豬、牛、羊、雞。每天要吃什麼都讓伊努特人很煩惱。

可愛的海豹和海雀都成了伊努特人的食物，但他們的吃法卻是非常驚人。

海豹　海雀

長得這麼可愛，不吃掉太可惜了！

如果伊努特人捕捉到一隻大海豹，他們會立刻將其開膛破肚，先把內臟生吃掉，因為這時候內臟還是熱呼呼的。

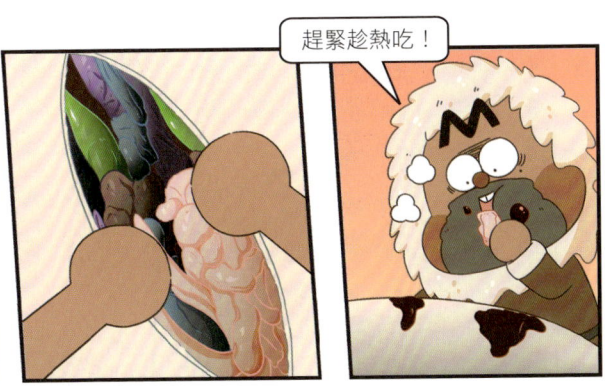

趕緊趁熱吃！

239

然後他們再去捉 100 隻海雀，完全不處理，直接放進海豹的肚子裡，再用骨頭製成的針和馴鹿筋製成的線把肚子縫起來，縫合後用海豹油脂密封，埋進永久凍土層裡 3 年。

3 年裡海雀開始發酵，於是就得到了醃海雀。當你鼓起勇氣正想著怎麼拔光毛、烹飪的時候，伊努特人的正確吃法是：不拔毛，直接對準海雀的尾部，然後猛吸！

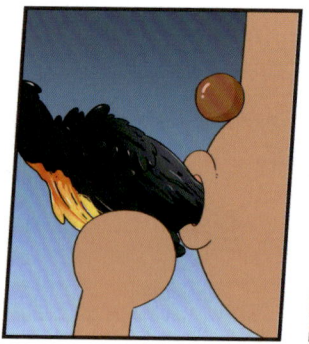

一口氣把已經發酵得稀爛的海雀內臟吸進嘴裡，這時，一股難以名狀的鹹味加腥味，混合著榴槤加納豆的生猛味道將在舌尖縈繞，讓你此生難忘。

想試試嗎？

太難忘了！

趣味冷知識

伊努特人為什麼都壽命不長？

　　伊努特人，也就是愛斯基摩人（意指是吃生肉的人），他們常年生活在北極圈地區。因為生活的地方極其寒冷，幾乎沒有植物生長，所以，伊努特人基本不吃蔬菜和水果，每日的膳食含有大量的脂肪和蛋白質，主要食物有北美馴鹿、海豹、鯨魚、鮭魚等。伊努特人的嬰兒存活率非常低，成年後，還要進行狩獵和捕魚等高危險行為，出去狩獵的時候，成年男性經常意外受傷或死亡，還可能因發生爭鬥而喪命。

　　另外，在食物短缺的時候，伊努特人會吃一些腐爛的肉類，因為飲食不太衛生，經常會感染寄生蟲，導致喪命。

伊努特冰淇淋

你想試試一種用馴鹿、麝牛、熊的脂肪做出來的冰淇淋嗎？這就是伊努特冰淇淋。

在冰天雪地的阿拉斯加，一個伊努特人外出打獵，他又冷又餓。此時他拿出了老婆做的「愛妻冰淇淋熱量炸彈便當」。

肚子好餓！

北極地區

經過一番操作，高脂肪高熱量的冰淇淋便當新鮮出爐。

太幸福了！

要吃一口嗎？

我……

雖然伊努特冰淇淋十分重口味，但正是這種高熱量食物，讓生活在北極之地的伊努特人充滿能量。現在，這種傳統且重口的伊努特冰淇淋已經很少見了，但當地仍然保留著改良之後的版本，至於是什麼味道，有機會去嘗嘗吧！

趣味冷知識

伊努特人的一日三餐

　　伊努特人主要分布在西伯利亞、阿拉斯加到格陵蘭的北極圈內外，那裡終年冰天雪地、寸草不生。為了抵抗寒冷的天氣，他們每日需要補充大量脂肪和蛋白質，因此有終生吃肉的習慣，這些動物包括海象、海豹、鯨魚、馴鹿、北極熊和鳥類等。海豹肉是伊努特人最常吃的肉類，早餐人們喜歡吃生海豹肉或清燉海豹肉，為了保持食物原本的味道，他們甚至不加調味料。鯨魚也是伊努特人的最愛，但不能隨意捕殺，只有在過節、聚會時才能吃到。午餐有北極熊、馴鹿等食物，採用燒烤、清燉、生煎的方式，為了保證食物本來的味道，不讓營養流失，人們也喜歡生吃。伊努特人晚餐以魚肉、馴鹿、海豹為主食，當地的海魚體型較大，常見的有鱈魚、鱒魚和鮭魚等。

北極地區

大海雀

你知道為什麼北極沒有企鵝嗎？其實北極的「企鵝」是被人類捕殺光了。

在人們發現南極企鵝之前，「企鵝」這個名字屬於北極地區一種黑白顏色的大海雀。

這些傢伙胖胖的，不會飛，看起來和今天的企鵝非常像。但不幸的是，牠們離貪吃的人類實在太近了。

冰河時期，整個歐洲的氣候都很寒冷，從北極一直到歐洲沿海都有大海雀的身影。

但這種圓滾滾且不會飛的傢伙，在人類眼中簡直就是上天賜予的上等食材。

愛吃牠們的不僅有歐洲人，還有當時生活在北美的印地安人。捉大海雀比捉一隻雞容易，人們就這麼一直吃，18世紀晚期，大海雀在北極就極其瀕危了。

物以稀為貴，稀有的大海雀皮毛居然成了博物館和收藏家的高級收藏品。

於是，人們打著宣傳保護大海雀的旗號，在1844年捉住並殺死了世界上最後一對大海雀，大海雀宣告滅絕。北極從此再也沒有「企鵝」的身影。

趣味冷知識

大海雀跟企鵝的區別

　　大海雀不會飛，屬於在水中游泳的禽類，牠們較長的翅膀能夠滿足在水中游泳的需求，雖然牠們也能在陸地上活動，但是大部分時間在水中。

　　大海雀在外觀上與企鵝十分相近，例如在顏色分布上，其頭部的兩側為黑褐色，喉嚨以及翅膀的顏色同樣為黑褐色，全身只有白色和黑色兩種顏色。但是大海雀與企鵝並沒有任何親緣關係。在血緣上，大海雀與刀嘴海雀的親近度更高。大海雀之所以與企鵝長相相似，是因為牠們在成長發育的過程中有極為相似的生活方式。

漫畫世界美食冷知識王

作　　　者：我是不白吃
企劃編輯：王建賀
文字編輯：王雅雯
設計裝幀：張寶莉
發 行 人：廖文良

發 行 所：碁峰資訊股份有限公司
地　　址：台北市南港區三重路 66 號 7 樓之 6
電　　話：(02)2788-2408
傳　　真：(02)8192-4433
網　　站：www.gotop.com.tw
書　　號：ACK013300
版　　次：2025 年 05 月初版
建議售價：NT$350

國家圖書館出版品預行編目資料

漫畫世界美食冷知識王 / 我是不白吃原著. -- 初版. -- 臺北市：
碁峰資訊, 2025.05
　　面；　公分
ISBN 978-626-425-056-6(平裝)

1.CST：飲食風俗 2.CST：文化 3.CST：世界地理 4.CST：漫畫
538.7　　　　　　　　　　　　　　　　　　114003828

商標聲明：本書所引用之國內外公司各商標、商品名稱、網站畫面，其權利分屬合法註冊公司所有，絕無侵權之意，特此聲明。

版權聲明：本著作物內容僅授權合法持有本書之讀者學習所用，非經本書作者或碁峰資訊股份有限公司正式授權，不得以任何形式複製、抄襲、轉載或透過網路散佈其內容。
版權所有‧翻印必究

本書是根據寫作當時的資料撰寫而成，日後若因資料更新導致與書籍內容有所差異，敬請見諒。若是軟、硬體問題，請您直接與軟、硬體廠商聯絡。